EXTRAITS DE LA *PETITE GAZETTE*

PROMENADES

GÉOLOGIQUES

PAR ÉMILIEN FROSSARD

ET

PROMENADES

ARCHÉOLOGIQUES

PAR FRÉDÉRIC SOUTRAS

BAGNÈRES

Imprimerie J. Cazenave

1865

PROMENADES

GÉOLOGIQUES

ET ARCHÉOLOGIQUES

Aux environs de Bagnéres

C.

PROMENADES

GÉOLOGIQUES

PAR ÉMILIEN FROSSARD

ET

PROMENADES

ARCHÉOLOGIQUES

PAR FRÉDÉRIC SOUTRAS

BAGNÈRES

Imprimerie J. Cazenave

1865

Les pages suivantes font partie d'un ou-vrage destiné à conduire le géologue dans les principales vallées des Pyrénées centrales, qui formera un ensemble coordonné d'une manière plus complète que ne le comportent les colonnes d'une feuille hebdomadaire.

ÉTUDES GÉOLOGIQUES

Naguère les deux mots qui composent ce titre auraient rebuté plus d'un lecteur et surtout plus d'une lectrice ; aujourd'hui la géologie a cessé d'être une science occulte, et le sentier de l'étude a été semé d'attraits jusqu'ici inconnus. Depuis les charmantes lettres d'Alex. Bertrand (1), et surtout depuis les ingénieuses et artistiques illustrations de Louis Figuier (2), il est de

(1) *Révolutions du Globe*, par M. Bertrand. 1 vol. in-12.

(2) *Le Monde avant le Déluge*, par L. Figuier. 1 beau vol. in-8 rempli de belles planches. Prix : 10 fr.

bon ton dans le monde de lire les ouvrages
sciences, pourvu qu'ils ne soient pas trop
longs et surtout qu'ils ne soient pas trop
hérissés de termes techniques, double écueil
que nous nous efforcerons d'éviter en ra-
contant à nos concitoyens les merveilles du
beau pays où la Providence les a placés.

Avant d'entrer en matière, j'ai encore
deux obstacles à écarter. Il est bon nombre
de personnes qui dédaignent les études
géologiques ; il en est d'autres qui en ont
peur. Les premières les considèrent comme
inutiles, les secondes les estiment comme
dangereuses, et entre la peur et l'indifférence, la pauvre science risque fort d'être
mise de côté.

A ceux qui, invités à connaître enfin
cette terre qu'ils foulent aux pieds et qui
les nourrit, cette magnifique structure qui
les abrite, répondent par cette question des
hommes qui calculent tout : *à quoi bon ?
qu'est-ce que cela prouve ?* nous répondrons :
mais ces monts que revêtent vos prairies
renferment des combustibles, des minéraux, des métaux, des substances tégulai-
res, des matériaux de construction, des
chaux et des ciments que vous laissez im-
productifs et dont la valeur pourtant peut
s'apprécier, et qu'on a pu en certains lieux
coter à la Bourse. Mais ce sol que recouvrent vos moissons en produirait de bien
plus riches encore si vous en connaissiez la
nature chimique ; mais avec une plus juste
appréciation de la direction des couches qui

constituent l'écorce terrestre, vous pour-
riez, sans avoir recours à l'habileté des
hydroscopes ou aux jongleries des sorciers,
découvrir les sources et les nappes d'eau
nécessaires à l'exploitation de vos propriétés.

Et quand même l'étude de la géologie
n'amènerait pas ces résultats matériels et
appréciables, comptez-vous pour rien ces
nobles jouissances réservées à ceux qui
élargissent la sphère de leurs connaissances,
qui sous l'influence de la science voient
leurs préjugés se dissiper, les ténèbres faire
place à la lumière et la certitude aux su-
perstitieuses conjectures ? Ne comptez-vous
pour rien cette contemplation d'une œuvre
admirable qui par une douce et irrésistible
contrainte élève l'âme à la contemplation
du céleste ouvrier, et qui nous distrait de
ces soins matériels de chaque jour qui nous
absorbent et finiraient par nous abrutir et
nous tuer moralement?

J'ai dit que certaines personnes avaient
peur de la géologie... Peur de quoi et pour
quoi? Peur pour leur foi religieuse ? peur
de la recherche de la découverte de la vé-
rité? Elle a tout à gagner à une telle découverte, et la gloire du Père Céleste ne sera
développée dans nos cœurs qu'autant que
nous aurons su apprécier et admirer ses
œuvres. Ce qu'il y a à redouter pour notre
foi, ce n'est pas le grand jour, mais le faux
jour ; ce n'est pas la grande science, mais
la petite ; ce n'est pas la contemplation de
la création, mais les petits systèmes mes-

quins et hasardés des petits savants. Newton,
le plus grand physicien du monde, se dé-
couvrait respectueusement quand il enten-
dait prononcer le nom de Dieu, et Bacon,
dont la méthode règne aujourd'hui sur
toutes les recherches scientifiques sérieuses,
nous a laissé cette belle et féconde pensée : *Un
peu de philosophie éloigne l'homme du christianisme, beaucoup de philosophie l'y ra-
mène.*

Après ce préambule nous entrerons plus
absolument en matière; toutefois, désireux
de conserver, quant à l'ordre du sujet que
nous voulons traiter, une allure indépen-
dante à laquelle nos lecteurs n'auront qu'à
gagner, nous les prévenons que c'est plutôt
d'une manière anecdotique que systématique
que nous avons l'intention de leur donner
la géologie du pays.

PROMENADES GÉOLOGIQUES

I

Géologie

La *géologie* est cette branche des connaissances humaines qui a pour objet l'étude de la formation primitive du globe terrestre et des modifications qu'il a subies ultérieurement.

Ce qui donne surtout un grand intérêt à cette science, c'est qu'elle se lie intimement à plusieurs autres : à la minéralogie, par l'étude des substances qui composent les roches ; à la botanique et à la zoologie , pour la détermination des restes organisés des âges antédiluviens ; à la physique générale, dans l'appréciation des phénomènes électro-chimiques , et dans ceux qui se rapportent aux lois du magnétisme, de l'élasticité des gaz et de la gravitation des corps ; à l'hydrographie et à la géographie physique, pour la délimitation des continents et des îles, des lacs et des océans , des montagnes et des plaines ; enfin , aux arts industriels et agricoles , par l'emploi des métaux, des roches et des marnes qu'elle nous aide à découvrir.

Il ne faudrait cependant pas conclure de ce que nous venons de dire que l'étude de la géologie ne soit accessible qu'à quelques esprits privilégiés, qu'à quelques initiés de la science ; nous estimons qu'au point où est arrivée cette intéressante science, elle est éminemment susceptible d'être popularisée, et qu'elle offre un riche banquet intellectuel auquel tous sont invités.

Nous nous estimerions heureux si nos modestes pages parvenaient à convaincre nos lecteurs de ce fait, et s'il nous était donné d'inspirer à quelques-uns le goût d'une étude qui deviendrait sûrement pour eux une source de nobles et douces jouissances, remplissant dans leur vie des vides que l'on cherche trop souvent à combler par des distractions stériles, sinon dangereuses.

Comme notre enseignement progressif portera plutôt sur la pratique que sur la théorie, et sur l'observation plutôt que sur la discussion, nous désirons, dès le premier jour, mettre entre les mains de ceux qui consentent à nous accepter pour leur guide, non un livre, mais un marteau, non la clef du cabinet d'étude, mais la clef des champs. Notre première leçon consistera à leur faire connaître les roches les plus abondantes dans nos contrées pyrénéennes, celles qui constituent l'alphabet de ce beau volume, et dont la vue comme le nom doit être parfaitement familier à quiconque veut faire un peu de géologie.

Que ceux donc de nos lecteurs qui veulent suivre nos conseils autrement que par une lecture superficielle de ce livre, prennent leur canne de voyage, leurs souliers de campagne, une petite provision de vieux papiers pour envelopper les échantillons, et un marteau pour les briser et les façonner selon les règles de l'art. Cela fait, qu'ils remontent ou qu'ils redescendent le cours de notre Adour jusqu'à ce qu'ils rencontrent une grève couverte des cailloux que charrie notre petit fleuve, et dont les surfaces sont lavées par ses eaux limpides. Les envahissements d'une végétation luxuriante et l'enlèvement des cailloux pour les constructions ont rétréci et rendu assez rares les grèves caillouteuses; toutefois, en remontant la route de Campan, entre la première et la seconde borne kilométrique, on en trouvera de parfaitement suffisantes pour notre première exploration.

Ces amas de gravier, qui ont été arrondis dans leur route, proviennent des monts qui avoisinent les sources de l'Adour ou qui en suivent le cours, et sauf les substances trop molles pour ne pas être complètement broyées dans ce parcours accidenté, nos cailloux de l'Adour offrent une collection complète des roches qui constituent la partie supérieure de son bassin, je dirai même de la chaîne tout entière.

Or, observez la couleur, la forme, et surtout, à l'aide de votre marteau, la constitution intérieure de ces galets.

LEUR COULEUR. — Il ne faut pas en général attacher une trop grande importance à la couleur des roches ; la présence ou l'absence d'une petite quantité de fer ou de quelque autre métal oxidé suffit pour leur donner les teintes les plus diverses, sans pour cela altérer en aucune manière leur importance géologique. Toutefois, dans la circonstance qui nous occupe, la couleur n'est pas à dédaigner. Ainsi donc, vous observerez des galets d'un beau blanc moucheté de noir et de gris, d'autres gris-clair, d'autres gris-foncé, bleuâtres presque noirs, d'autres enfin, et ceux-ci sont plus rares sur les bords de notre Adour, couleur lie de vin.

LEUR FORME. — Les uns sont presque ronds comme des œufs, d'autres sont aplatis comme des palets, d'autres sont fracturés et anguleux.

LEUR STRUCTURE INTÉRIEURE. — C'est un coup de marteau qui va la révéler, car la surface du caillou a été altérée par l'érosion qu'il a subie dans son voyage, et aussi par les agents atmosphériques; mais une cassure franche vous dévoilera la roche dans toute sa fraîcheur et son aspect caractéristique. Or, le coup de marteau vous montrera les roches tantôt dures, tantôt tendres, tantôt fragiles, tantôt tenaces; les unes composées de divers minéraux, les autres homogènes; quelques-unes compactes, quelques autres fragmentaires, avancées etc., toutes· apparences qui vont nous guider pour donner à chacune son nom.

Les cailloux sphéroïdes, blancs ou blanchâtres, mouchetés de noir ou de gris et quelquefois de taches fauves, qui offrent une assez grande dureté sous le marteau, qui se cassent en fragments anguleux et qui, dans leur constitution intérieure, offrent une agrégation cristalline de trois substances : l'une très-brillante comme des paillettes, l'autre plus abondante, offrant des surfaces plates luisantes, blanchâtres; une troisième d'une couleur grisâtre, d'un éclat vitreux et sans forme déterminée; en trois mots, ces cailloux arrondis, composés de mica, de feldspath et de quartz, sont ce que l'on appelle *granite*.

Le *mica* est une substance transparente, *élastique*, susceptible de se détacher à l'aide d'un canif en petites paillettes d'une ténacité extrême, tantôt noir, tantôt verdâtre, tantôt jaune, tantôt incolore, qui brille au soleil dans le sable, que le vulgaire prend quelquefois pour de l'or, mais qu'on désigne dans les anciens ouvrages de minéralogie sous le nom d'*or de chat*.

Le *feldspath* (1) est une substance habituellement blanchâtre, quelquefois rose de chair, cristalline, d'une dureté moyenne, qui, en grandes masses, est employée sous le rom de *kaolin* pour la fabrication de la porcelaine.

Le *quartz* est une substance limpide quand elle est pure, cristallisant en prisme à six pans, rayant, coupant même le verre, connue dans le monde sous le nom de *cristal de roche*, et dans un état de moindre pureté formant les agates, les jaspes, et même les silex et les pierres meulières.

---

(1) Ce mot est emprunté à l'allemand, nous en tenons d'autres de l'anglais, on commence à en chercher quelques-uns en Russie, ce qui n'est pas le moyen de rendre la science plus claire.

Or, encore une fois, la réunion de ces trois subtances constitue le granite, roche très-répandue dans la nature et d'autant plus importante qu'elle forme pour ainsi dire la charpente du globe terrestre.

Vous observerez encore sur nos grèves d'autres cailloux sphéroïdes comme ceux que nous venons de signaler, mais, comme la cassure vous les fera reconnaître, d'une structure compacte, homogène, entièrement dépourvue de paillettes de mica et de lamelles de feldspath. Vous reconnaîtrez aussi la dureté supérieure de cette roche à l'aide de votre canif qui sera impuissant à l'entamer. — Ces cailloux sont composés de *quartzite*, ou quartz en masse, substance que vous aurez souvent l'occasion d'observer dans nos montagnes et qui, pour le dire en passant, forme en Californie, en Australie et ailleurs, la gangue habituelle de l'or.

Les galets aplatis, d'un gris foncé, quelquefois tout à fait noirs, tendant sous le choc du marteau à se fendre en feuillets parallèles, offrant dans leur cassure tantôt un aspect terne, tantôt brillant comme du mica, ces galets, dis-je, sont composés de *schiste micacé*. Le schiste qui constitue la plus grande partie de notre chaîne pyrénéenne est une substance composée de silice, d'alumine, de fer, etc., qui affecte d'ordinaire un aspect feuilleté, plus compact dans les galets de l'Adour, plus fissile dans les ardoises de Labassère et ailleurs, plus friable dans les schistes argileux qui, par suite de leur état de mollesse, n'ont pu être charriés fort loin par les torrents.

Vous trouverez encore, parmi nos cailloux, des substances en général d'un gris léger, rayées facilement à l'aide de la pointe d'un canif, mais caractérisées surtout par la vive effervescence que produit à leur surface une goutte d'acide nitrique ou de tout autre acide un peu fort. Cette roche vous la trouverez très-abondamment dans toutes les montagnes de hauteur moyenne qui enserrent Bagnères au midi et dont elles constituent en entier la structure géologique. Cette pierre, employée comme moellon dans nos constructions, comme macadam pour nos routes, et comme produisant la chaux par la calcination, est la *pierre calcaire* ou chaux carbona-

tée, composée de chaux et d'acide carbonique, prenant, sous diverses circons-
tances, une forme cristalline ou spathique,
une forme saccharoïde dans le marbre,
une forme compacte dans la pierre à
chaux commune. Nous verrons plus tard
que c'est surtout dans cette roche que se
trouvent les restes des êtres organisés qui
peuplèrent l'ancien monde.

Enfin, vous pouvez rencontrer sur nos
plages, surtout si vous remontez le cours
de l'Adour au-delà de Campan, mais
plus rarement si vous ne vous éloignez
pas de Bagnères, des cailloux aplatis
d'une couleur lie de vin, d'une contexture
grenue. Cette roche est un *grès*, ici
rouge à cause de l'abondance de l'oxide
de fer qui la souille, ailleurs, surtout
dans les Landes, d'un blanc pur. Le grès
est une agglomération de grains de sable
qui a passé à un état lithoïde. Des montagnes entières à l'entrée de la vallée
d'Aure en sont composés en entier.

Or, si dans cette première promenade
vous avez ramassé un échantillon bien
caractérisé de chacune des substances
que nous venons de décrire : *granite,*
quartzite, schiste, calcaire et grès, vous

aurez, en abrégé, ce qui constitue les grandes masses pyrénéennes, vous aurez pour les déchiffrer et les prononcer ce que les voyelles sont aux lettres de l'alphabet, et les détails ultérieurs seront faciles à comprendre.

Faites-vous donc cette petite collection de cinq pierres, en les taillant artistement, si c'est possible, c'est-à-dire, en petites plaques de six centimètres de long, sur trois de large et deux d'épaisseur, et lorsque, après les avoir cherchées et trouvées vous-mêmes, vous les aurez fait déterminer définitivement par l'autorité d'une personne compétente, collez sur une surface une étiquette et gardez ces objets comme des types auxquels vous aurez plus d'une fois l'occasion d'en référer.

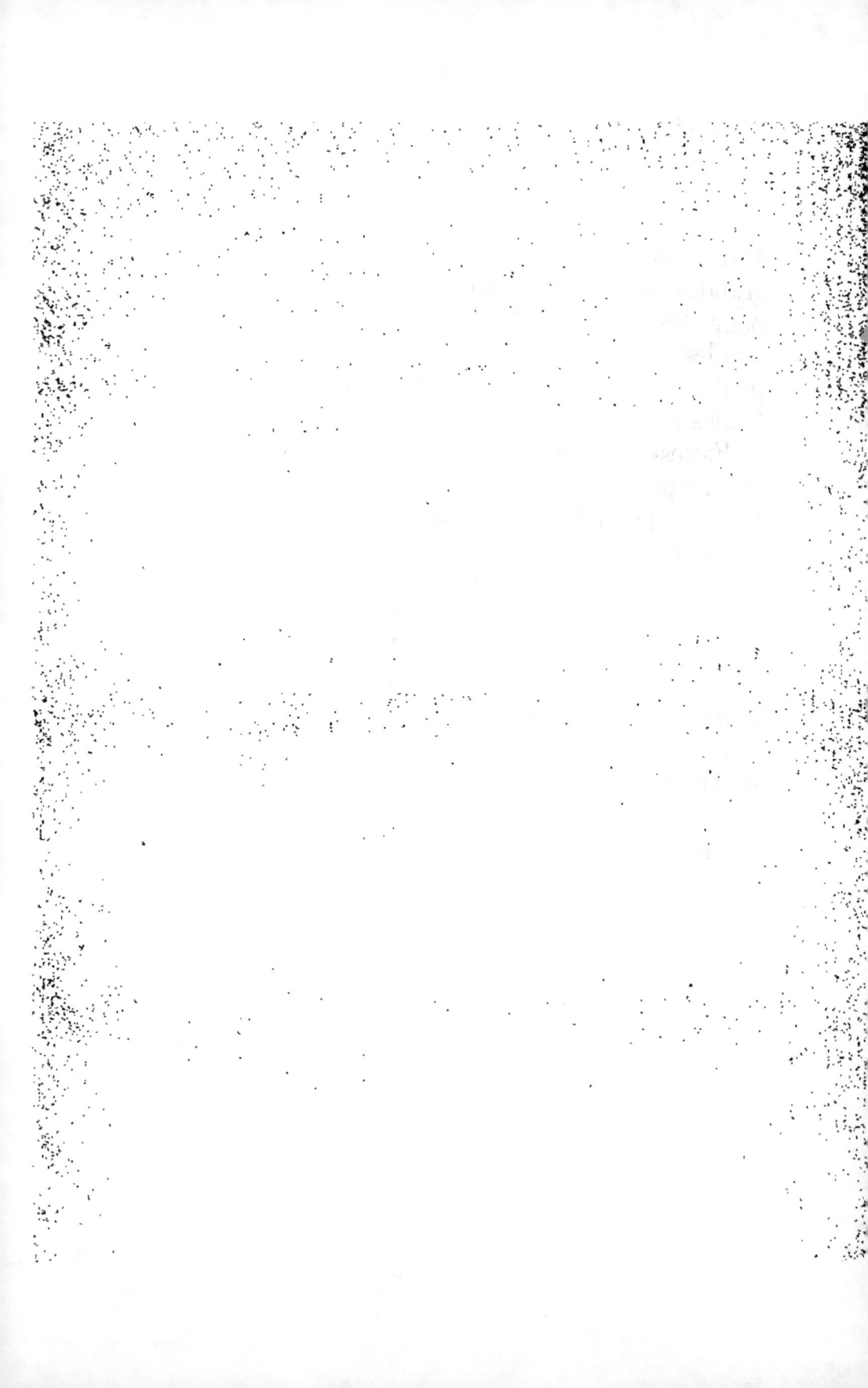

II

Eau et Feu

Mais comment la croûte terrestre s'est-
elle formée? comment la terre elle-même
a-t-elle pris la forme sphéroïdale qui la
caractérise? pourquoi sa surface offre-t-
elle ces alternatives de reliefs et de creux,
d'océans et de continents?.. Peut-être est-il
bon de dire un mot de tout cela avant de
poursuivre nos promenades géologiques.

Au commencement du siècle, on était
encore voué à la manie des *théories de la
terre*, et au lieu d'observer, on rêvait.
Alors surgissaient deux sectes ferventes,
fanatiques comme l'étaient en musique
les Gluckistes et les Piccinistes, moins
les coups de bâton cependant dont ces
messieurs se régalaient au sortir du spectacle. Nos géologues étaient alors *Neptu-*

nistes ou *Vulcanistes*, c'est-à-dire que
dans la formation de la terre, les premiers
n'y voyaient que l'action de l'eau, et les
seconds n'y voyaient que du feu. Aujour-
d'hui on s'entend mieux ; chaque élément
a sa part. Les roches d'*éruption*, telles
que les granites, les porphyres, les diorites, sont produites sous l'influence de la
chaleur ; les roches de *sédiment*, telles que
les calcaires compactes, les marbres et
les grès, ont été déposées au fond des
eaux ; les calcaires cristallisés, les quartzites, les schistes micacés sont le produit
de la double action de l'eau et du feu.
Il y a bien encore contre cette conception
quelques réfractaire obstinés, quelques
théoristes attardés ou quelques novateurs
fourvoyés, toutefois on peut réduire l'or-
thodoxie géologique au système suivant :

Qu'on se figure, lancée dans l'espace
par la main souveraine du Tout-Puissant,
à une époque qui se perd dans la nuit
des temps, une masse de matière cos-
mique, détachée peut-être de l'atmosphère
du soleil, dispersée en divers éclats, et
formant le noyau initiateur des planètes
et des satellites qui gravitent autour de
notre système sidéral.

Ces masses, par un effet de l'attraction moléculaire, prirent aussitôt la forme sphéroïdale que nous leur connaissons aujourd'hui : elles doivent probablement à la pression centripète des particules qui les composaient l'extrême chaleur qui les retint longtemps dans un état de fluidité qu'elles possèdent encore, du moins en partie.

Qu'on se représente donc notre globe terrestre sous l'aspect d'une masse incandescente et molle suspendue dans le ciel planétaire. Par suite du rayonnement constant du calorique vers les espaces infinis, la surface de cette terre en formation se refroidit graduellement et s'enveloppa d'une croûte solide que le retrait, les gerçures et les scories durent rendre originairement rugueuse et inégale.

Ces inégalités devinrent généralement plus considérables par suite de la contraction générale de la croûte primitive, due à la cristallisation et à l'oxidation des substances qui la composaient, et qui, pressant les masses intérieures en fusion, tendaient à faire épancher leur superflu à la surface. Cette surface elle-même, exposée à l'action des eaux qui commençaient à se condenser dans les parties

refroidies et aux influences des agents atmosphériques, tendait à se détériorer et à faire des dépôts superficiels composés de débris et de limons. De nouvelles éjections, issues du sein de la terre, vinrent troubler ces dépôts, soulever leurs couches, altérer leur nature et former par plissement et par gibbosités les chaînes de montagnes et les pics qui les dominent. Ainsi se produisent trois ordres de phénomènes auxquels nous devons la croûte terrestre que nous habitons et les accidents de terrain qui la diversifient.

1° L'éjection lente ou spontanée des roches ignées par voie de suintement progressif ou par voie violente d'éruption volcanique.

2° Le dépôt successif de débris sous forme de couches horizontales amoncelées au sein des eaux avec les vestiges des êtres organisés qui vivaient dans leur sein.

3° L'action perturbatrice des éjections ignées sur ces formations sédimentaires, connue aujourd'hui sous le nom de *métamorphisme*.

Nous aurons de fréquentes occasions d'observer les effets de ces puissants phénomènes dans nos vallées pyrénéennes qui ont subi leur triple influence. *Erup-tions, sédiments, métamorphisme,* toute la théorie actuelle sur la formation de notre terre se trouve exprimée par ces trois mots.

Il résulte de cette théorie et d'une multitude d'observations sur lesquelles elle s'appuie, deux faits bien propres à jeter la surprise, sinon l'épouvante, dans l'esprit de ceux qui les envisagent pour la première fois.

Le premier de ces faits est que l'intérieur de notre terre est encore dans un état de fusion et d'incandescence offrant un état de chaleur d'une intensité qui dépasse toutes nos conceptions, et que la race humaine n'est séparée de cet abîme de feu que par une épaisseur de 18 à 20 lieues, ce qui correspondrait à l'épaisseur d'une feuille de fort papier vélin relativement à la masse d'une sphère d'un mètre de diamètre sur laquelle elle serait collée. La chaleur centrale est démontrée par la température, qui augmente progressivement d'un degré pour trente mètres de profondeur à mesure qu'on creuse dans la direction du centre de notre globe, comme on l'a reconnu en pratiquant les mines et en forant les puits artésiens. D'un autre côté, l'état de fusion des parties intérieures de la terre est démontrée par la chaleur interne à laquelle les métaux et les minéraux les plus réfractaires ne sauraient résister, et surtout par ce fait que la terre n'aurait pu prendre la forme d'un sphéroïde aplati aux pôles et renflés à l'équateur si elle n'avait été primitivement dans un état de ramollissement qui seul pouvait se prêter à cette forme.

Le second phénomène que nous révèle la science, c'est que la surface de notre terre, qui nous apparaît si solide, a été souvent bouleversée, soulevée, labourée par les matières éruptives de l'intérieur, et que de nos jours encore elle est sujette à des ondulations soit brusques et locales dans le phénomène des tremblements de terre et des éruptions volcaniques, soit lentes et plus étendues dans le soulèvement ou l'affaissement de contrées immenses, comme les côtes de la Norwège ou celles du Chili. Phénomènes, du reste, qui semblent perdre de leur énergie à mesure que nous nous éloignons de l'époque solennelle de l'origine du monde.

Le Bédat

Il fait un temps splendide, en route !..
Le point de départ sera le Pont de la
Moulette, et la direction de notre prome-
nade, le sentier du Bédat.

Nous aurons eu soin d'emporter
1° l'inséparable marteau; 2° du papier
pour les échantillons; 3° un carnet pour
les notes; 4° enfin une boussole. Je vous
fais grâce des nombreux appareils et des

instruments dont on voudrait charger un
touriste observateur au point d'en faire
une bête de somme. Efforçons-nous
toujours de simplifier pour lui et pour
tous le bagage de la vie; c'est le grand
art d'aller vite, loin et longtemps.

Or, après avoir tourné à gauche au
Pont de la Moulette vers le tir au pistolet,
vous trouvez tout de suite, à côté du
sentier, des blocs arrondis de granite, et
quelques pas plus loin une muraille de
soutènement construite en partie de
de moellons de calcaire gris et en
partie d'énormes cailloux de quartzite
blanc. Le calcaire vient des carrières
environnantes, car nous allons gravir les
flancs d'une montagne qui en est composée, mais les granites et quartzites
roulés, qui atteignent quelque fois au
delà d'un mètre de dimensions cubiques,
sont des visiteurs étrangers qui sont
venus de loin, de très loin, après un
aventureux voyage, mais qui désormais
ont fixé leur domicile sur les pentes de
nos collines. Une autre fois nous racon-
terons leur histoire qui est presque
incroyable, tant elle est merveilleuse.
Pour aujourd'hui la digression serait

trop longue; nous ne sommes qu'aux premiers pas de notre course.

Au delà de la poudrière, observez à gauche la base calcaire de la montagne; la roche s'étend en larges surfaces qui indiquent une *stratification*.

Nous avons dit dans notre article précédent que les océans qui s'étendirent sur la surface de la terre après son premier refroidissement formèrent dans leurs lits des amas sédimentaires. Ces sédiments d'origine aqueuse se composèrent alors, et la chose se passe de même aujourd'hui au fond des mers, de limons, de sables et de galets, selon que les eaux étaient là agitées, là enceintes de falaises rocheuses, ici de bords argileux et tendres.

Or, les sédiments qui se forment au sein des eaux affectent une forme horizontale et stratifiée, et comme ils s'accumulent graduellement, ils entraînent dans leur sein les débris organiques dûs à la destruction des coraux, des coquillages, des poissons, des plantes marines, etc., etc. Si des phénomènes statiques surviennent pour changer plus tard leur niveau, les eaux gardant toujours celui qui

leur est propre, les sédiments accumulés
et durcis au fond des mers émergent de
leur sein, forment au-dessus de leur
horizon, des élévations, des gibbosités,
qui sont aujourd'hui nos collines
et nos montagnes, dans les flancs
desquelles nous observerons des *strates*
aux *couches* parallèles, plus ou moins
inclinées, formées tantôt de limons compactes, tantôt de grès ou agglomération
de sable, tantôt de débris anguleux
réunis par un ciment appelé *brèches*,
tantôt de galets arrondis également
engagés dans une pâte lithoïde, désignés
sous le nom de poudingues, à cause de
leur ressemblance avec le mets chéri de
nos voisins d'outre-Manche.

Or cette base du Bédat et même le
Bédat tout entier est composé d'un
limon calcaire endurci, tantôt gris ou
gris blanchâtre et compacte, tantôt de
couleurs diverses et d'un aspect cristallin.
Ce limon s'est formé au sein d'un océan,
dont il a été émergé par une puissante
action produisant de bas en haut, comme
nous le dit la couche que nous allons
observer derrière la poudrière. Voyez
cette surface plane et inclinée. Appliquez

sur cette surface votre canne et, la maintenant dans une position horizontale,
voyez à l'aide de votre boussole dans
quel sens elle se dirige relativement au
méridien magnétique, Sud, 70 d. ouest.
C'est la *direction* de la couche. *L'inclinaison* sera déterminée par une ligne qui
descendra perpendiculairement de votre
canne sur la surface qui plonge vers la
terre. Cette ligne sera dans le sens de
ouest 70 d. nord mesurant à peu près
21 d. relativement à l'horizon. Cette
mesure pourra s'exprimer ainsi :

S. 70 d. o. $\overline{\underset{\circ}{21}}$ N. 70 d. ʀ.

Or voici ce que nous enseigne cette
observation. La couche calcaire qui étant
primitivement horizontale a été redressée :
l'agent puissant qui l'a soulevé se trou-
vait au s. e. de cette couche puisqu'elle
plonge vers le n. o. Si on creusait profondément dans le vallon qui descend de
Salut vers le petit pont qui nous a servi
de point de départ on trouverait la
roche d'origine ignée, la roche éruptive
qui par son apparition a déterminé l'élé-
vation de notre couche. Cette roche nous

allons du reste la retrouver plus haut
où elle a pénétré dans les flancs de la
montagne par une fente oblique, et comme
nous observerons que la montagne entière
du Bédat est formé de couches qui
prennent à peu près la même direction,
nous en conclurons que la montagne
entière est due au même phénomène de
redressement. On verra plus tard par des
observations semblables faites en diverses
localités comment nous sommes autori-
sés à généraliser ce fait merveilleux,
mais non moins vrai, que les chaînes
de montagnes sont sortis des flancs de
la terre ou du sein des eaux par suite,
soit de soulèvements, soit de rides et de
plissements, dont les agents puissants
proviennent des entrailles mêmes de notre
globe.

Notre route monte en zig-zag, au
premier retour nous trouverons à gauche
la roche en question, elle se distingue des
calcaires environnants par sa couleur
foncée. Elle est grenue, cristalline,
friable, d'un noir verdâtre, et ne donne
sous une goutte d'acide nitrique aucun
des signes d'effervescence, si marqués
dans les calcaires. Cette roche dont il

faudra prendre un échantillon, qu'on
devra choisir aussi compacte et aussi
homogène que possible, s'appelle *ophite*.
(1). Nous la retrouverons à Pouzac, au
Castelmouli et dans beaucoup d'autres lieux
où elle est beaucoup plus belle et mieux
caractérisée qu'au Bédat. Elle joue un
grand rôle, comme on dit, ou mieux,
elle a exercé une puissante action dans
la formation de notre chaîne des Pyrénées. Observez cette substance, elle ne
présente plus les allures des limons
endurcis et déposés en couches comme
nos montagnes calcaires, elle est cristalline fendillée; elle apparaît ici comme une
matière injectée, qui est venu s'ingérer,
en étrangère, dans les formations paisibles de la mer pour y porter le trouble et
la destruction. C'est à son apparition
que nous devons le redressement des
couches que vous observererez en pour-
suivant votre promenade et jetant vos
regards à votre droite sur les rochers
gris qui semblent tourmentés, malaxés,

---

(1) Du mot grec ophis (serpent), cette roche offrant
quelque fois par sa couleur verdâtre et ses taches une
certaine ressemblance avec la peau du serpent. Il ne
faut pas cependant la confondre avec la serpentine qui
offre à un plus haut degré le même aspect.

et pétris par la main des géants, calcaires qui passent souvent à des marbres de diverses couleurs où le rouge et le jaune dominent. L'ophite s'élève plus loin dans une fente oblique qui se prolonge jusque vers les grottes dont elle a probablement déterminé la formation, car c'est un agent terrible que cette substance éruptive, qui soulève les montagnes, disloque les couches sédimentaires, produit les grottes et les failles, et par un retour à de bienfaisants effets donne naissance à nos sources thermales, dont nous parlerons plus tard car nous sommes bien loin d'avoir dit notre dernier mot sur cette roche intéressante. Avant de quitter ce sujet écartons une erreur que l'expression, substance *éruptive*, employée un peu plus haut, pourrait faire naître. En effet gardons-nous de confondre l'apparition éruptive de l'ophite et d'autres roches telles que les granites, les porphyres, etc. avec celles des éruptions volcaniques proprement dites. Le premier phénomène, qui pourrait s'appeler une *éruption avortée*, n'a pas comme le second été accompagné de productions de laves, de scories et de

cendres, qu'on chercheraient en vain dans
nos Pyrénées, mais simplement par le
mouvement ascensionnel d'une substance
cristalline en fusion, douée d'une puissance d'élasticité incalculable, accompagné
d'émission de gaz et de substances miné-
rales volatilisées et agissant à la manière
de la vapeur qui sous une haute pression
produit, chacun le sait, de si extraordi-
naires effets.

N'oublions point que cette apparition
d'une roche d'origine ignée en disloquant
les couches horizontales produit sur leurs
substances minéralogiques des effets
chimiques puissants au point de changer
les calcaires compactes en véritables
marbres et d'introduire dans leur masse
des substances qui n'y étaient pas renfer-
mées primitivement, phénomène que
nous avons désigné précédemment par
le mot *métamorphisme*, comme leur
changement de position s'exprime par
celui de *soulèvement*.

Mais votre attention et vos jambes
sont peut-être fatiguées; allons les reposer à l'entrée des Grottes et puis nous y
pénétrerons et nous chercherons à expliquer leurs mystères.

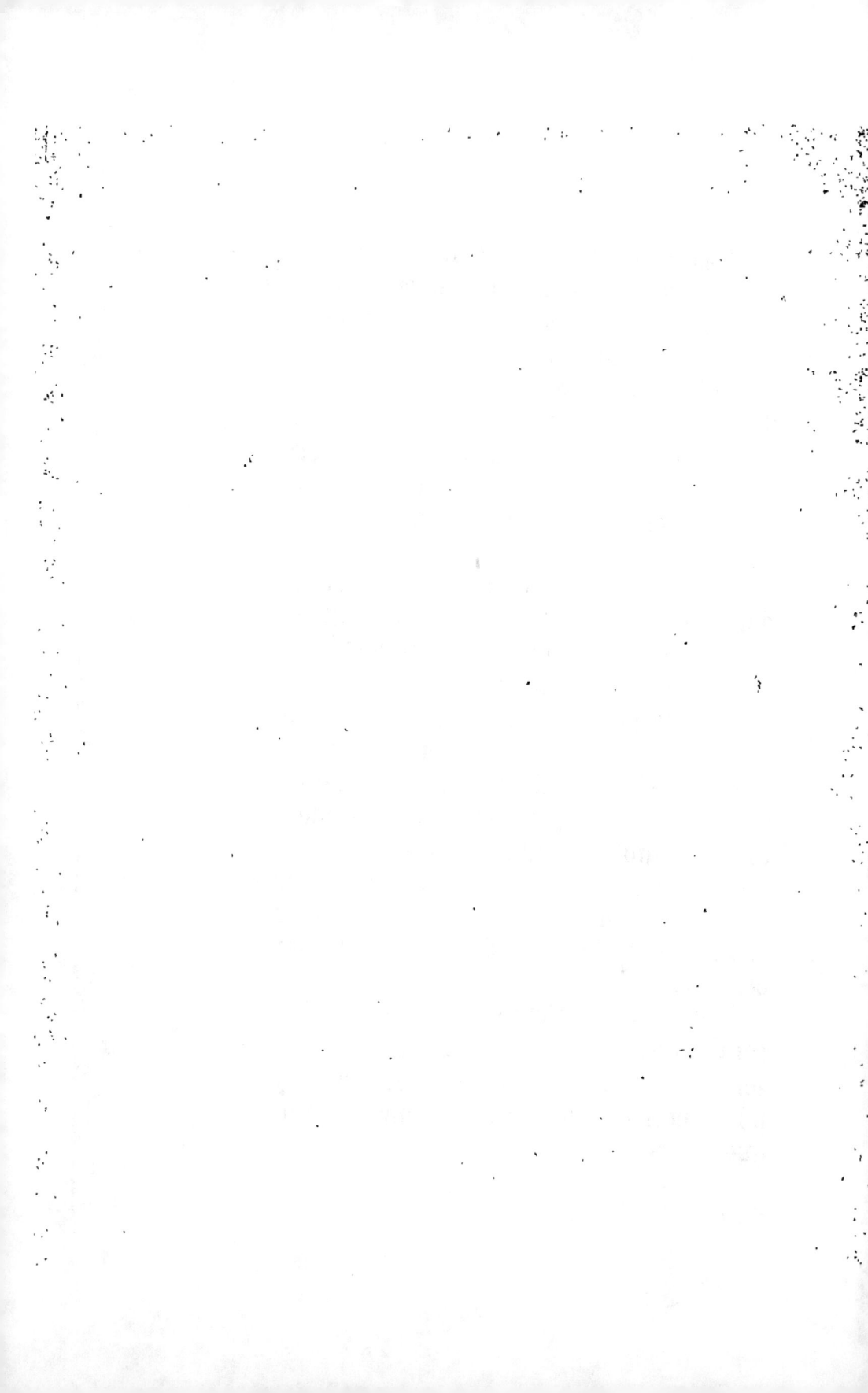

IV

Les Grottes

Les grottes si nombreuses en France,
surtout dans les régions calcaires, abondent dans les Pyrénées, et sans sortir
des environs de notre ville on peut en
visiter de très-belles à Lourdes, à Bé-
tharram, dans la région occidentale, à
Esparros, à Gargas, à Sarrancolin, vers
l'Orient; celles qui sont plus rapprochées
de Bagnères : à Campan, au Castelmou-

li, au Bédat, qui, quoique moins vastes, ne laissent pas que d'être dignes d'être visitées. Ces dernières, celles qui appartiennent à la montagne dont nous avons commencé l'exploration, ont depuis quelque temps, attiré l'attention publique, soit à cause du soin qu'on a pris d'en rendre l'accès plus facile, soit à cause de leurs sinuosités capricieuses, et leurs étranges ramifications, soit, surtout, pour les étrangers, à cause de la belle fête qui inaugura leur ouverture, révélant leurs mystérieuses cavités à l'aide d'une brillante illumination et faisant retentir leurs flancs des chants de l'orphéon bagnérais.

Il est difficile de se défendre d'une certaine émotion quand on pénètre à l'aide de la lumière vacillante d'une torche dans ces passages souterrains où tout prend un aspect si fantastique, et où une idée de danger vient impérieusement se mêler aux mouvements de la curiosité ou aux élans de la contemplation. Ces voûtes bizarrement sculptées semblent menacer de leur chute le téméraire explorateur, comme l'aspect de ces parois qui souvent se resserrent pèse sur sa poitrine et gêne sa respiration. Tout d'ailleurs

dans les ténèbres de ces retraites souterraines, prend des proportions gigantesques; la moindre excavation devient
un abîme, le moindre éboulement apparaît comme une ruine imposante, et
lorsque quelques concrétions calcaires
viennent mêler leurs formes monumenta-
les à celles des rochers corrodées par les
eaux souterraines, l'imagination du voyageur évoque soudain mille formes fati-
diques qui tour-à-tour le charment et
l'épouvantent. Ces impressions, on le
conçoit, s'allient facilement à celles
que produit le sentiment religieux qui
touche à tout ce qui est grand, inexpli-
cable et mystérieux. Ne soyons donc
point étonnés de voir des histoires légen-
daires se rattacher à l'existence de nos
grottes; histoires que nous n'avons nulle-
ment l'intention de suivre dans leur développement, étant pleinement persuadé
que le progrès des saines doctrines religieuses et le bon sens des populations,
les dépouillant de leur prestige, auront
pour effet bienfaisant de les réduire à
leur véritable valeur. Pour nous, nous
pensons plus utile d'étudier ces structures
fantastiques au point de vue des réalités

scientifiques, qui, pour être moins spé-
cieuses, ne manquent ni de grandeur ni
de poésie.

Par qu'elle puissance les grottes ont-
elles été creusées ?... On peut leur assi-
gner trois causes qui ont agi tantôt
simultanément, tantôt d'une manière
isolée

1° La dislocation des couches qui redressées par l'effet des substances ignées
et éruptives, dont nous avons parlé
ailleurs, ont laissé des vides dans les
intervalles compris entre les couches
discordantes.

2° L'émission de gaz qui, injectés au
milieu de couches encore humides et
pâteuses, y ont laissé des alvéoles bul-
laires à l'instar de celles que nous trouvons en petit dans le pain lorsque le
levain y a été distribué d'une manière
inégale.

3° Les alluvions souterraines qui ont
enlevé les amas argileux ou marneux qui
s'étaient accumulés dans la substance
même des roches calcaires d'une dureté
plus considérable.

Je serais disposé à attribuer au concours
des deux premières causes la formation

des petites grottes du Bédat dans la proximité desquelles nous retrouvons des injections d'ophite, et dont les parois calcaires renferment des amas de marbre saccharoïde et fétide, signe non équivoque de l'action de métamorphisme.

Deux phénomènes donnent un intérêt tout particulier à la plupart des grottes : la formation des stalactites et l'accumulation des ossements fossiles. L'examen du premier de ces phénomènes terminera notre présent article, le second nous occupera ultérieurement.

Les montagnes où se trouvent des grottes ornées de stalactites sont des montagnes calcaires, c'est-à-dire, composées de carbonate de chaux. Cette substance est soluble dans l'eau contenant de l'acide carbonique, ce qui est le cas pour les eaux pluviales. Celles-ci filtrant à travers les fissures et dans les failles des montagnes parviennent à la surface intérieure des grottes où, s'évaporant au contact de l'air libre, elles déposent la petite quantité de carbonate de chaux dont elles étaient chargées, formant ainsi sur les parois de la grotte un enduit onduleux, tantôt à surface rugueuse et cristalline, tantôt lisse et polie. Il arrive fréquemment que le suintement de l'eau, se faisant d'une manière lente et régulière, se manifeste par de petites gouttes qui restent collées aux voûtes des cavernes. Chaque goutte venant à s'évaporer laisse sur la surface du roc une croûte calcaire, ronde comme un disque à bords saillants et percée au centre par un trou circulaire ; après l'évaporation de la première goutte, une seconde survient qui opérant son dépôt augmente l'épaisseur du rebord qui prend l'aspect d'un anneau ; l'anneau s'épaississant dans le sens vertical devient un tube percé au centre, qui à la longue par les suintements extérieurs s'épaissit, s'allonge encore et prend la forme d'un cône renversé ; mais lorsque le liquide lapidifique abonde, le surplus tombe sur le sol où il dépose aussi une incrustation, celle-ci d'abord se présentant sous l'aspect d'une surface arrondie s'élève graduellement et finit par joindre l'incrustation supérieure formant, avec elle une colonne de marbre. — La partie supérieure, d'ordinaire la plus effilée et la plus pure, s'appelle *stalactite*, la partie inférieure porte le nom de *stalagmite*. —

Le phénomène que nous venons de
décrire en deux minutes demande souvent plusieurs années, que dis-je, des
siècles pour s'accomplir dans les proportions gigantesques sous lesquelles il se
présente dans les grottes des Cévennes,
du Rouergue, de l'Ariége et d'autres
lieux devenus célèbres, au catalogue
desquelles nous ajouterions celles de nos
Pyrénées Centrales si on n'avait la manie
indiscrète de les dépouiller de leurs
splendides ornements dès qu'on les a
découvertes. — On peut observer le point
de départ de la formation des stalactites
sous la voûte des ponts, où on remarque
de petits tubes minces comme des plu-
mes, qui ne sont que des embryons de
stalactites.

Les tufs ne sont que des amas concré-
tionnaires qui ont la même cause pro-
ductive que les stalactites sans en avoir
la régularité. Ici les dépôts dûs à des
amas très fortement chargés de calcaire
ont été hâtés et troublés dans leur formation, ou bien ils ont été accumulés
sur le sol envahi par des végétaux vivants
ou desséchés dont ils ont pris les formes
diverses. En montant de la Place des

Thermes à la Fontaine Nouvelle on reconnaîtra que le sentier tracé en zig-zag a été pratiqué dans l'épaisseur d'une roche concrétionnaire qui n'est qu'un tuf, dans lequel on a observé des empreintes très-bien conservées de feuilles d'arbres divers, ce tuf a été formé par les eaux thermales, fortement chargées de carbonate de chaux. A Esparros, les tufs formés sur les mousses et les graminées offrent des aspects féériques qui charment l'œil et l'imagination. On profite de certaines sources à Clermont-Ferrand, à Nice et en Toscane pour en diriger les eaux calcarifères sur des moules en creux où elles déposent leur substance marmoréenne sous forme de médailles et de sculptures de la plus admirable précision. Quand on voudra utiliser de la même manière les dépôts de quelques-unes de nos sources thermales telles que les eaux incrustantes de Viscos, de St-Savin et d'une multitude d'autres localités plus rapprochées, on fera quelque chose d'agréable aux étrangers et on gagnera de l'argent.

V

Dépôts ossifères des grottes

Longtemps on s'est borné à admirer
les grottes, à en décrire les splendides
ornéments, à en reproduire par la pein-
ture les majestueuses grandeurs ; elles
avaient passé des mythologues aux poètes
et aux artistes. Depuis une trentaine
d'années les géologues s'en sont emparés.
Ils en ont bientôt fini avec les phénomènes des stalactites , bien simple comme

on a pu le voir dans notre article précédent ; et lorsqu'ils se sont mis à collectionner ils se sont bien gardés comme le faisaient les savants d'autrefois, d'encombrer leurs vitrines de ces produits bizarres qui charment l'œil mais qui n'enseignent plus rien aux savants. Ils durent les réserver, que dis-je, les agrandir pour faire place à des trésors d'un autre genre que les grottes cachaient dans leurs mystérieuses retraites et qui étaient destinés à exercer la sagacité des paléontologues par des problèmes nouveaux, et à les initier à la connaissance des temps antérieurs à l'histoire s'ils ne le sont pas à l'homme lui-même. On peut remarquer dans la plupart des grottes que, tandis que les voûtes tantôt s'étendent en arceaux majestueux, tantôt se perdent dans le faîte de la montagne en fentes capricieuses, le sol est comparativement uni. Il est facile de saisir la cause de ce fait. Les débris tombent à la surface du sol, les courants d'eau y accumulent les argiles, les aspérités sont émousssées par l'érosion, les creux tendent à se combler, les stalagmites viennent recouvrir ce sol meuble et durcir la partie supérieure, en

dérober l'existence et la composition aux
yeux de l'observateur qui, pendant des
siècles, en a foulé la surface sans se douter
qu'il marchait sur..... un ossuaire,
débris d'une faune où se trouvent les
vestiges des animaux que nous avions cru
jusqu'ici appartenir aux régions de la
torride, mêlés à ceux que nous considé-
rons comme indigènes des pays glacés du
nord ! Lorsque des savants ardents à la
recherche, intelligents à reconstruire les
édifices ruinés des temps passés, infatiga-
bles et intrépides dans leurs explorations,
à la tête desquels, la justice et la
reconnaissance nous commandent de
signaler le docteur Buckland, alors professeur à l'université d'Oxford, lors, dis-je,
que les savants imaginèrent de percer la
croûte de stalagmite qui recouvrait le sol
des cavernes, lorsque armés de la pioche
et de la bêche ils fouillèrent les débris
amoncelés à l'entrée des grottes et dans
leurs cavités latérales, ô prodige ! ils
mirent au jour des amas immenses
d'ossements appartenant au bœuf au-
roch, au cheval, au mouton, aux cerfs de
diverses espèces, au renne, au rhinocéros
tichorinus, à l'éléphant primigenius ou

mammouth, à l'hyène, au lion, aux petits carnassiers, aux insectivores, aux rongeurs, etc., squelettes tantôt entiers, tantôt démembrés, ossements tantôt intacts, tantôt roulés par les eaux, tantôt portant encore l'empreinte de la dent des carnassiers, tantôt.... redoublez d'attention !... tantôt travaillés par la main des hommes, façonnés sous forme d'armes ou d'instruments, offrant à la surface des ornements, des dessins même qui rappellent les arts grossiers des insulaires de la mer du sud. Le tout mêlé aux coprolithes des hyènes, à des matières carbonisées, à des silex taillés sous forme de haches, à de grossières poteries mal cuites, à des vestiges des foyers et peut-être des festins des aborigènes de ces temps antéhistoriques.

Les dépôts ossifères des cavernes ne sont pas identiques dans leur composition et il est très probable que leur accumulation ne date pas d'une même époque. On peut dans une certaine mesure classer les grottes à ossements. Nous signalerons : les *grottes à ours* qui n'offrent que des dépouilles de *l'ours des cavernes*, animal plus grand que celui que nous

connaissons de nos jours. Ces grottes, dont
on voit de beaux exemples dans les
Cévennes et la Lozère, offrent d'ordinaire
une grande ouverture; les squelettes qui
gisent sous le sol sont quelquefois
entiers, ils appartiennent à des individus
de tout âge depuis l'ourson qui n'en était
qu'à ses dents de lait, jusqu'au patriarche
qui mettait ses dents de sagesse. Tout
annonce que ces antres étaient le paisible
repaire des générations successives de
l'ours des cavernes. — On observe les
grottes à hyènes. Celles-ci d'un accès plus
difficile, précédées d'un couloir étroit et
surbaissé, étaient habitées par les hyènes,
qui y entraînaient les débris palpitants des
pacifiques ruminants, dont on retrouve
les ossements portant encore l'empreinte
des dents des carnassiers, surtout sur les
surfaces les plus rapprochées de la substance médullaire dont ces animaux sont
très-friands. Des squelettes d'hyènes accu-
sent la présence des voraces déprédateurs.
Il se pourrait, je le dis sous forme de
conjecture, des observations exactes me
manquant pour l'affirmer d'une manière
positive, que les grottes de Castel-Mouli
ou celles de Baudéan appartinssent à

cette classe spéciale. — On a aussi
signalé des amas ossifères dûs à des
courants d'eau ou à des remous, où les
ossements de tout genre sont mêlés et
confondus, brisés ou arrondis par l'érosion, englobés dans les stalactites du sol
et quelquefois même, suspendus aux stalactites de la voûte. Les grottes qui les
renferment sont quelquefois de petits en-
foncements comme on en observe dans la
carrière de M. d'Aurensan, route de
Campan, et dans les cavités d'Es-Talliens,
dans les régions occidentales du Bédat.
Enfin, on pense que certains amas
ossifères accumulés à l'entrée des grottes
et mêlés à des vestiges de foyers et à des
restes d'instruments sont dûs à la présence
soit de familles de troglodytes, soit au
passage habituel de chasseurs qui faisaient
de ces abris leur salle à manger. Les
grottes de Lourdes, fouillées par M. Davezac et étudiées avec un soin tout particulier par MM. Lartet, Christie et Milne
Edwards fils, sembleraient présenter ce
caractère. Ce qu'il y a de certain, c'est
que jusqu'ici on n'y a observé que des
restes d'animaux comestibles, parmi lesquels il ne faut pas refuser de placer le

cheval qui offre ici des restes très-abondants. MM. Philippe et Davezac ont réuni de belles séries des ossements de nos cavernes, ceux de nos lecteurs qui attachent un sérieux intérêt à la science dont nous leur présentons les principes, feront bien de visiter ces collections et de consulter le mémoire que M. Philippe a publié dans le bulletin de la Société Linnéenne de Bordeaux.

Nous ne devons pas omettre de faire mention d'un fait qui se rattache à ceux que nous venons d'indiquer. Je veux parler des *brèches à ossements*. — On appelle *brèches* une agglomération de fragments de pierres concassées et réunies par un ciment calcaire; à ces fragments ont pu se mêler des ossements qui font corps avec eux étant reliés par la même substance spathique. — Telles sont les célèbres brèches à ossements des côtes de la Méditerrannée, telles sont, sans aller plus loin, les brèches d'Es-Talliens, où les ossements se trouvent coagulés avec des fragments de marbre et des coquilles terrestres. — On en trouvera encore quelques fragments sur place, mais qu'on se hâte, car les amateurs

auront bientôt tout enlevé. — Non loin
de la petite cavité où on a recueilli ces
débris, on peut observer de beaux amas
de stalagmites.

VI

Les Fossiles

Le mot *fossile* signifie littéralement objet *enfoui*. Cette expression, employée fréquemment en géologie, s'applique aux restes ou aux empreintes des corps organisés qui appartiennent aux temps antéhistoriques. Ces premiers vestiges offrent un double intérêt, ils nous initient dans l'histoire du développement de la vie animale et végétale, et ils marquent par

leur présence les époques successives
pendant lesquelles se sont déposées les
couches qui constituent l'écorce terrestre,
comme les médailles et les sculptures
indiquent l'âge des monuments et la ci-
vilisation des temps antiques. Leur étude
touche ainsi à la fois à la paléontologie
et à la géologie proprement dite. Nous
estimons que cette union est si intime
qu'il nous serait impossible de continuer,
avec fruit, nos promenades aux environs
de Bagnères, sans rappeler préalable-
ment quelques notions générales concer-
nant cette intéressante partie de la
science.

Voyons donc comment les corps organisés ont pu être conservés jusqu'à nos
jours.

Un animal ou un végétal vivant, soit
dans le sein des mers, soit dans le courant des rivières, soit dans les eaux plus
paisibles des lacs, soit sur leurs bords
ombragés, sont engloutis bientôt après
leur mort dans les limons qui en com-
blent les bassins ; là ils sont bientôt dépouillés par la putréfaction de leurs
parties charnues et gélatineuses, à moins
que par la compression, ou toute autre

circonstance, fort rare du reste, ces orga-
nes ne soient comme momifiés. Les
parties dures et d'une nature plus
résistante comme les écorces et les branches des végétaux, les ossements et
surtout les dents des vertébrés, les coquilles des mollusques et les tiges des madrépores, sont beaucoup plus susceptibles
d'être conservés. Aussi peut-on en recueillir un très grand nombre qui deviennent
l'objet d'études approfondies pour un
grand nombre de savants qui à l'aide de
ces vestiges ou de leurs empreintes, ont
pu cataloguer 30598 espèces d'animaux,
2105 espèces de plantes formant un total
de 32698 espèces d'êtres organisés qui
peuplaient les mers (1) et les terres du
monde avant le déluge! témoignage écla-
tant de la grandeur du Dieu puissant qui
a créé successivement ces êtres et qui
a doué l'homme d'un génie capable de
s'élever à la contemplation et à l'étude
de leur admirable structure...

Les vestiges des êtres organisés ne se
présentent pas tous dans les mêmes con-

(1) Aujourd'hui on compte :
101745 espèces d'animaux vivants — 69403 espèces de végétaux — Total 171148.

ditions, ni sous le même aspect. Ils portent alors des noms divers tels que :
incrustations, empreintes, moules, pétri-
fications, fossiles proprement dits, sub-
fossiles, etc.

Qu'un corps organisé, une plante par
exemple, soit recouvert par un dépôt calcaire ou siliceux dans une eau thermale
qui contient ces substances en solution
nous aurons un corps *incrusté*. Plus la
croûte dans laquelle il sera enchassé sera
épaisse, plus les formes seront altérées,
et moins il aura de valeur pour la science.
Telles sont les incrustations de nids, de
feuilles, de fruits qu'on fabrique artificiel-
lement en Auvergne et ailleurs et dont
nous avons parlé précédemment.

Ailleurs les corps organisés laissent
leur *empreinte extérieure* sur une marne
ou un grès qui s'est endurci par la pression ou par l'action de la chaleur, ou
bien encore nous possédons le *moule intérieur* formé par un limon remplissant les
cavités du corps organisé qui lui-même a
disparu.

D'autres fois le végétal ou l'animal
ont été *pétrifiés*, c'est-à-dire que par un
effet électro-chimique la substance même

du corps organisé a été remplacée, molécule à molécule par une autre substance
telle que la silice, la chaux carbonatée,
l'hydroxide de fer.

Enfin la substance même de l'être
organisé peut avoir été conservée en tout
ou en partie, plus ou moins altérée. Ainsi
des tiges et des plantes ont conservé leur
forme et leur matière charbonneuse,
comme on le voit dans les dépôts de
houille et dans des formations plus récentes, des coquilles ont conservé leur test
revêtu des nuances nacrées qui leur sont
propres, des ossements ont conservé leur
phosphate de chaux, des poissons ont
conservé leurs écailles et leurs intestins,
de grands mammifères entiers surpris
dans les glaces du nord ont offert aux
observateurs leur ivoire, leur fourrure,
et même leur chair, dont les chiens ont
pu se repaître.

Lorsque le dépôt fossilifère s'est fait
lentement et régulièrement, lorsque
depuis il n'a pas été dérangé par les soulèvements plutoniques perturbateurs, les
fossiles sont bien conservés, abondants,
faciles à déterminer et à classer. Ils
offrent alors ce qu'on appelle un bon

horizon géologique, indiquant par leur présence et leur position spéciale le niveau des mers où ils ont vécu et où ils sont morts.

Lorsque le dépôt a subi l'influence du métamorphisme, les fossiles s'altèrent se déforment et souvent disparaissent presque entièrement ne laissant à l'observateur que des restes indéterminables.

Les régions sud-Pyrénéennes des Landes, du Gers, et du nord des Hautes et Basses-Pyrénées offrent de beaux gîtes fossilifères dans les faluns, les molasses et les calcaires nummulitiques, mais les contrées Pyrénéennes proprement dites, bouleversées plusieurs fois par d'énergiques soulèvements sont très-pauvres en fossiles très-caractérisés. Il fut un temps où on niait leur existence, aujourd'hui on en trouve presque partout; il nous a été donné à nous-mêmes de découvrir plusieurs dépôts fossilifères bien caractérisés, mais en général il ne faut pas s'attendre à faire de riches collections de restes organiques, comme on en fait dans d'autres régions, et il faut souvent se contenter de misérables débris ou d'empreintes à demi effacées pour apprécier la nature et l'âge des terrains qui les contiennent. Toutefois, cette difficulté elle-même est un stimulant, et si je le fais remarquer, c'est pour encourager les chercheurs à ne mépriser aucun vestige qu'ils rencontreraient dans leurs courses et à les recueillir avec le plus grand soin, en notant très-scrupuleusement les lieux où ils les ont découverts.

Dans un prochain article, on verra pourquoi nous attachons tant d'importance à ces restes des faunes anté-diluviennes.

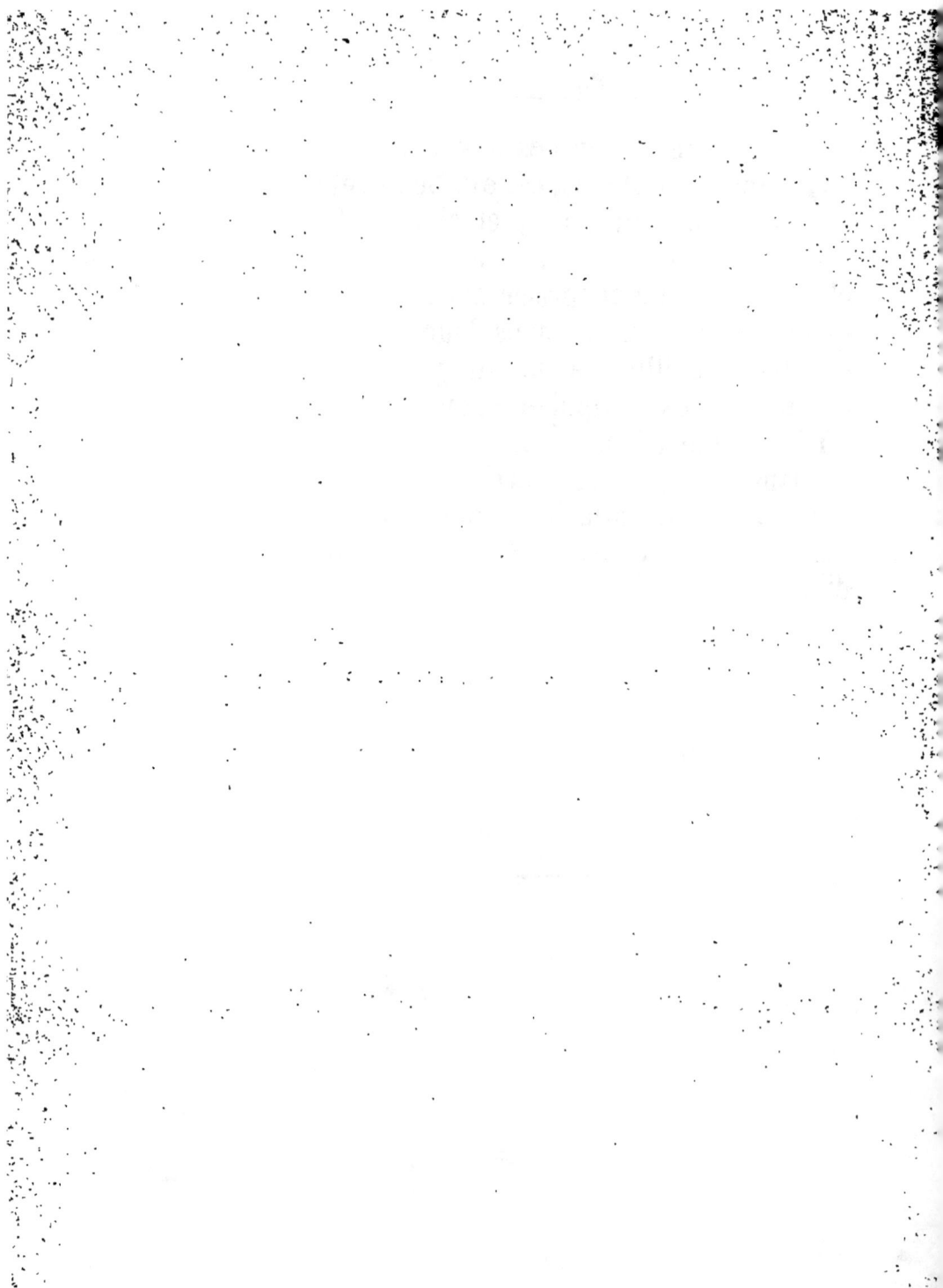

VII

Montgaillard et Orignac

Aujourd'hui nous prenons au chemin
de fer un billet pour Montgaillard,
départ de 12 h. 30. Lorsque l'on cons-
truisait l'élégante petite gare de Bagnères,
on pouvait y faire de la géologie et y
recueillir des échantillons, qui ont aujour-
d'hui presque entièrement disparu. Alors
on apportait des pierres de Cérons ou
d'Angoulême. Apporter des pierres aux

Pyrénées! Concevez-vous la chose? Se-
rait-ce par méprise ou par ironie? Non,
mais simplement par économie... Le
transport ne coûte presque rien, la
distance est supprimée et puis la pierre,
plus tendre, se taille avec bien plus de
facilité que nos calcaires schisteux.
L'économiste et le constructeur trouvent ainsi leur part. L'homme de
goût n'y trouve pas toujours la
sienne. La pierre blanche crayeuse
d'Angoulême et la molasse jaune et ca-
verneuse de Bordeaux ne lui paraissent
pas présenter un grand aspect monumental, puis sous nos influences hygrométri-
ques et dans notre athmosphère chargée
de germes de cryptogames, les moellons
étrangers se chargent rapidement de
mousse et de lichens qui en altèrent
bientôt la couleur primitive. Mais ne
soyons pas trop sévères et reconnaissons
que les matériaux de nos gares, habilement combinés avec la brique rouge,
sont en harmonie avec le style adopté
pour la construction de ces monuments,
style conforme à celui de notre petite
métropole thermale, plutôt joli et coquet
que grand et majestueux, plutôt confor-

table que monumental, plutôt aimable
qu'imposant.

La pierre de Cérons, employée dans un
grand nombre de gares du Midi, appartient aux terrains tertiaires bordelais, et
renferme un grand nombre de moules
intérieurs et extérieurs de beaux mollusques et de madrépores dont il est facile
de faire collection. La pierre d'Angoulême, pierre très-tendre et d'une grande
blancheur, appartient à la craie, les trous
cylindriques dont elle est souvent percée
sont les moules d'une coquille de la
famille des *rudistes* et du genre des *radio-
letes*, mollusque bivalve d'une structure
très-compliquée, sur laquelle nous ne
nous arrêterons pas, puisque ces corps
organisés n'appartiennent pas à nos
régions pyrénéennes proprement dites.

Le dernier coup de sifflet est donné;
nous voici en route, entraînés par la
vapeur, mode de transport peu propice
aux observateurs de détails, mais qui
n'est pas sans avantage pour une appréciation générale de la constitution d'une
région. N'oublions pas que, si le paléon-
tologue et le minéralogiste ont souvent la
loupe à la main et observent minutieu-

sement les détails de la structure cristalline ou organisée de la matière, le géologue est appelé à contempler les grandes
masses ; il est obligé d'éloigner le tableau,
afin d'en saisir l'effet d'ensemble, car il
demande à la nature ses lois générales et
ses époques séculaires. C'est ainsi qu'on
peut, de la portière du wagon, reconnaître
le beau soulèvement dioritique et ophiti-
tique du pont de Pouzac. La *diorite* se
présente sous l'aspect d'une roche gris-
blanchâtre, d'une consistance rendue
très-friable par l'effet des agents atmosphériques ; l'*ophite* apparaît sous forme
d'une roche verdâtre foncée, cristalline,
fendillée, recouverte souvent à sa surface
d'une argile ocreuse. L'ophite forme
un mamelon recouvert au sud par des
roches calcaires *métamorphosées,* dont
nous aurons occasion plus tard de détail-
ler l'intéressante composition. Le monticule qui se termine à moitié chemin
environ entre le pont de Pouzac et Ordisan
est suivi d'autres collines composées d'un
granite *bâtard* qui varie d'aspect, prenant
tantôt celui d'une *peymatite,* tantôt celui
d'un *gneiss,* roches que nous ne voulons
pas décrire aujourd'hui, ayant l'intention

d'y revenir ailleurs plus en détail. Enfin, vis-à-vis la station de Montgaillard, nous trouvons une carrière en exploitation qui nous offre une belle tranchée dans le terrain de la *craie*.

Ici nous mettrons pied à terre et, armés du marteau, de la boussole et du carnet, nous nous engagerons sur la route sinueuse et ombragée qui conduit de Montgaillard à Orignac.

Au pied de la côte, pénétrons dans la carrière.

Elle est exploitée depuis nombre d'années, mais dans ces derniers temps elle l'a été d'une manière très-active pour les travaux du chemin de fer par M. Dulac, habile agronome du pays. Cette pierre, lorsqu'elle est choisie et après avoir eu soin de lui laisser jeter son eau de carrière, est d'un bon effet architectural à cause de sa couleur chaude et sa texture légèrement grenue, mais elle a l'inconvénient, lorsqu'il s'agit de sculptures, d'offrir des nodules de silex qui repoussent le ciseau et l'émoussent. Toutefois, M. Dulac a fait exécuter avec ce calcaire crétacé de beaux ornements dans le style ogival, à la partie nord de l'église St-

Jean à Tarbes. Cette pierre a aussi été employée pour la construction du temple protestant de Bagnères.

Dans le nord de la France et au sud de l'Angleterre, la craie est d'ordinaire blanche, friable, tachant les doigts ; dans le midi de la France et de l'Europe, elle présente un tout autre aspect. Par sa consistance, sa structure sub-cristalline, son extrême pauvreté en fossiles, la craie de Montgaillard offre un type assez complet de cette dernière. L'une et l'autre de ces formations ont cela de commun, c'est qu'elles offrent des concessions siliceuses connues sous le nom de *silex*. Le silex est composé de silice avec une petite proportion d'alumine et d'oxide de fer. Il se présente dans les formations crétacées, soit sous forme de plaques parallèles, comme on en voit de très-beaux exemples à Mauvezin, Bonnemason, Gan, St-Jean-de-Luz, soit en rognons informes, comme à Montgaillard ou soit en formes organisées (oursins etc.), comme on peut en recueillir à Orthez et ailleurs au pied des Pyrénées.

La présence des silex dans les couches crétacées est encore mal expliquée. Les savants inclinent à croire qu'il est d'origine organique et que les éponges avec leurs spécules ou charpente silicieuse ne sont pas étrangères à ces concrétions anomales. Quant au calcaire lui-même, il paraît dû, dans la craie du nord, à des dépouilles d'animaux microscopiques, dont le nombre et l'extrême petitesse dépassent et écrasent l'imagination.

Je ne sais si la craie de Montgaillard a été examinée à ce point de vue, mais en général la craie du midi a subi des influences de température et de cristallisation qui en font disparaître les traces d'organisation.

Que dirions-nous s'il nous était démontré un jour que les collines de Montgaillard, que dis-je? le massif entier du Marboré et du Mont-Perdu, analogues dans sa composition aux humbles collines qui nous occupent, ne sont qu'un amas d'animaux et de plantes microscopiques? O profondeur! ô mystère!...

On peut facilement observer la stratification des couches crétacées dans la carrière qui en a creusé les flancs. Chose remarquable, elles s'étendent dans la *direction* normale des couches pyrénéen-

nes, c'est-à-dire à peu près de l'est à
l'ouest, mais leur *inclinaison* est inverse
de celle qu'on observe presque partout sur
notre versant ; elles plongent du nord au
sud au, lieu de plonger du sud au nord,
phénomène que nous retrouverons plus
loin d'une manière plus caractérisée et
qui ne peut s'expliquer que par un
soulèvement au midi qui aurait *renversé*
les couches au nord comme le soc d'une
charrue que retourne la terre sur le bord
du sillon. Cette dernière explication,
quoique fort extraordinaire, paraît être la
bonne, car il faut chercher vers le nord
les couches les plus récentes *au-dessous*
des couches les plus anciennes. Celles-ci,
qui sont la craie blanchâtre dont nous
avons déjà parlé, ne présentent aucun
reste fossile, elles sont traversées çà et là par
des filons de chaux carbonatée spathique ; vers le nord on remarque un grès
grisâtre, micacé, qui se présente en
plaques minces, quelquefois en dalles
assez fortes pour servir de lavasses. Ce
grès crétacé présente quelquefois à sa
surface des empreintes organiques ; j'y ai
trouvé le moule d'un fossile curieux, dont
j'avais observé déjà l'empreinte à Saint-

Sébastien, en Espagne, où la même formation est très-développée et où il a été
trouvé la première fois par M. de
Quatrefages, qui lui a donné le nom de
scolitia (1); c'est un gros ver, une anné-
lide rampante, qui pullulait dans ces
mers crétacées, et qui y a laissé et
ses dépouilles et ses traces. Une
autre créature rampante filiforme et très
allongée se trouve encore à Montgaillard.
Si je cite la présence de ces fossiles peu
agréables à voir, c'est parce que leur
présence peut faire espérer de trouver
d'autres espèces d'animaux et parce que
tout ce qui touche aux races qui ne sont
plus porte un cachet d'intérêt saisissant.
Un ver est pour nous le type et l'image
de tout ce qui est faible et destructible,
et cependant cette chose immonde et
fragile a laissé des traces ineffaçables
qui, après des milliers de siècles, nous
permettent de lire l'histoire des temps
dont nul œil humain n'a été le témoin.
Que dis-je? on a pu retrouver ailleurs, sur
la surface des grès, l'empreinte des pas des
oiseaux et des reptiles qui y ont vécu,

(1) Du grec, qui signifie rampant.

les traces marquées par la pluie ou la grêle, et le clapotement des petites vagues d'une mer qui s'endort.... Rien n'est trop petit ni insignifiant dans la structure de l'univers ; prenons bien garde de le devenir nous-mêmes par un injuste dédain ou par une stupide indifférence, en présence d'un monde de merveilles et de beautés.

A la partie supérieure des couches de craie se trouvent des amas de marne bleuâtre que les agriculteurs du pays répandent sur leurs champs. Cette marne se délite au contact de l'air, se réduit en poudre et offre un excellent amendement pour les terres qui sont pauvres en chaux.

Avant de quitter notre colline, allons à sa cime contempler le magnifique panorama qui se déroule aux yeux de l'observateur. Cette vue seule vaut le voyage, surtout dans cette saison où les hautes montagnes ont revêtu leur parure hyperborée, tandis que les collines inférieures offrent de belles teintes empourprées, et tandis que la plaine étale ses moelleux tapis dont ni les rigueurs de l'hiver, ni les ardeurs de l'été ne sauraient altérer l'admirable verdure. D'ici on peut voir

s'étager successivement les zônes géologiques qui constituent notre chaîne pyrénéenne. Au nord, les monticules et les
plaines tertiaires ; à nos pieds, les collines
crétacées ; au premier plan du grand
tableau, les groupes de Lhéris, du
Monné, de Castel-Mouli, de la Clique,
etc., formant la zône jurassique ; au-delà,
les montagnes composées de schistes, de
grès et de calcaires de transition ; enfin,
vers la crête, çà et là, des pointements
de granité qui soulèvent la partie centrale
de la chaîne comme l'ophite en a disloqué
la partie inférieure.

L'œil exercé du géologue, pour peu
qu'il ait le sentiment de l'artiste, saura
discerner la composition des montagnes à
leur simple aspect. Les terrains tertiaires
s'étendent en plaines ou montent en
légères ondulations ; les couches crétacées, soulevées par l'ophite, forment des
collines émoussées ; les régions jurassiques offrent des pentes plus hardies,
mais encore ornées de contours gracieux
et fréquemment couronnées de rochers
au galbe prononcé, auxquels on donne les
noms de pennes, tuques, etc. ; les montagnes de transition, surtout celles des

étages cambriens, s'élèvent en pics ai-
gus, en tranches crénelées, en remparts
redoutables que viennent çà et là déchirer
les aiguilles granitiques et les injections
souterraines des eurites et des porphyres.

Sans les soulèvements causés par ces
dernières substances d'origine ignée, la
nature serait dépouillée de ses splendeurs, l'horizon fantastique qui se dessine au midi de notre station n'existerait
pas, au lieu de ces pentes gracieuses, de
ces pics sourcilleux, s'étendrait un mo-
notone désert sans limite comme sans
ondulations, la colline de Montgaillard
elle-même s'abaisserait au niveau de la
plaine de Tarbes, ou plutôt celle-ci,
ainsi que toute la contrée, descendant à
un niveau inférieur, deviendrait le lit
d'un océan sans rivages, dont les ondes
envelopperaient le globe terrestre tout
entier de ces plaines monotones et déso-
lées. C'est ainsi que, sous l'intelligente
main du Tout-Puissant, l'ordre et la
beauté peuvent jaillir du désordre et de
la confusion, ou plutôt ce que, dans son
œuvre toujours excellente et harmo-
nieuse, nous appelons désordre et confusion, n'est peut-être qu'un mystérieux

travail, une féconde transition qui pré-
pare tout un avenir de grandeur et de
perfection.

Constatons, avant d'abandonner ce
sujet intéressant, que les collines crétacées dans notre médiane atteignent une
hauteur moyenne de 860 mètres, les
montagnes jurassiques 1980ᵐ, les pics
de transition 2500ᵐ. Quant aux sommi-
tés granitiques, une telle appréciation
n'aurait ni exactitude satisfaisante, ni
sérieuse importance.

La jolie route qui conduit de Bagnères
à Orignac circule entre des monticules
onduleux et de beaux bois de chênes et
de châtaigniers. Le sol est presque partout couvert par la végétation, et çà et
là par des galets arrondis charriés par
d'anciennes alluvions ou déposés pendant
les péripéties de l'époque glacière. Plus
loin nous atteignons un point culminant,
couronné d'une roche dénudée et exploitée
par les habitants du pays comme pierre à
bâtir. Là nous aurons quelques observations à faire. La roche est composée d'un
calcaire compacte et coquillier, qui paraît
comme perforé de trois ovoïdes allongés
et comprimés latéralement et que l'on

prendrait pour des moules de bivalves,
mais qui, après une observation plus
rigoureuse, paraissent avoir été produits
par une autre cause. Lorsqu'on examine
cette roche, la loupe à la main, elle
offre de nombreux fragments de testa-
cées, parmi lesquels on distingue des
univalves. Dans les rochers avoisinages,
notre honorable ami, M. Philippe, a
découvert des rhinconelles, qui se rapprochent de celles qui abondent dans le
grès vert, ou étage moyen de la craie.
Ces fossiles, que je n'ai pu encore trouver
sur place, et dont M. Philippe a bien
voulu me remettre quelques beaux
échantillons, sont très-bien conservés et
faciles à déterminer. Les rhinconelles
voisines des térébratules, appartiennent
à l'ordre des brachiopodes ou mollusques
bivalves, ainsi nommés parce qu'ils sont
armés de longs appendices qui leur ser-
vent à la fois à la locomotion et à la cap-
ture de leur nourriture. La plupart de
ces mollusques sont éteints, la faune
fossile en présente des espèces très-va-
riées depuis les formations les plus anciennes jusqu'à celles qui se rapprochent
le plus de notre époque actuelle.

VIII

Gerde et les Palomières

Il s'agit d'une promenade qu'un marcheur très-ordinaire peut accomplir en deux heures. Quant au géologue, il va sans dire qu'il y mettra plus de temps, surtout s'il veut prendre des notes, faire des dessins et recueillir des échantillons.

Nous suivrons d'abord la route de Campan jusqu'au premier pont à gauche.

Ici nous traversons la vallée et le village
de Gerde. Dans ce lieu, dont la situation
est délicieuse, le regard est souvent at-
tristé par le spectacle du goître et du
crétinisme. Bienheureux sera l'homme
généreux et intelligent qui décidera les
pauvres affectés de la première infirmité
à employer les remèdes que la science a
reconnu être héroïquement efficaces, et
qui mieux encore saura établir, dans ce
petit coin, quelque bonne industrie qui
y répandrait l'aisance et l'activité !...

En suivant le sentier qui passe devant
l'église, on arrive au chemin des Palomières qui s'élève sur des pentes déchi-
rées par de profonds ravins aux teintes
livides. Ce terrain est formé par des
ophites et des diorites décomposées, dans
les druses desquelles se trouvent des cris-
taux d'une couleur jaune serin et d'un
éclat très-vif que l'on peut rapporter à
une variété d'épidote ; à gauche et au-
dessus de ces roches en décomposition se
trouvent des roches calcaires que l'on a
exploitées pour reconstruire le clocher de
l'église. Ces roches méritent l'examen du
géologue. Elles présentent, en effet, un
bel exemple du phénomène que nous

avons déjà plusieurs fois signalé sous le
nom de *métamorphisme*. Déposées primitivement au sein d'un océan jurassique,
elles ont été depuis disloquées et relevées
par l'injection des ophites et des diorites
sous-adjacentes, et elles subirent en même
temps une profonde altération dans leur
constitution moléculaire et même dans
leur constitution chimique. Elles étaient
probablement, dans l'origine, marneuses,
compactes, amorphes ; elles devinrent
cristallines, cassantes, marmoréennes.
Elles offraient les éléments de la pierre
calcaire mélangée de quelques portions
d'argile ; elles apparaissent aujourd'hui
sillonnées de veines cristallines de chaux
carbonatée, de fer spathique, de manga-
nèse oxydé. Remarquez à la surface de
plusieurs blocs un glacis métallique,
composé d'une poussière éclatante qui
s'attache aux doigts sous la moindre pression : c'est du fer *spéculaire* ou *micacé*
qui s'est accumulé dans les fentes de la
roche par voie de sublimation. Ailleurs,
on remarque la roche calcaire en contact
avec une substance verte, onctueuse au
toucher, d'une consistance assez tendre,
c'est une roche serpentineuse qui provient

de l'éruption ophitique et qui apparaît ici
comme un témoin irrécusable du grand
phénomène que nous signalons.

Mais ne nous arrêtons pas trop à cet
exemple de métamorphisme que nous
verrons plus remarquable et plus évident
dans d'autres localités. Pour aujourd'hui
un autre phénomène réclame notre attention, c'est celui qui nous offre les vestiges
de l'*époque glaciaire*.

Déjà on a pu remarquer de nombreux
indices de ce phénomène. Au fond de nos
vallées, sur le flanc de nos collines, aux
bords de nos grandes routes, dans les
murs de soutènement, on a vu des blocs
de granites, de poudingues, de schistes
micacés, tantôt arrondis, tantôt anguleux,
souvent de dimensions très-considérables,
et on avait pu se demander la cause de
la présence de ces roches étrangères dans
un pays tout calcaire... Suivez le sentier
des Palomières, gravissez cette première
pente qui domine la petite carrière où
vous avez observé les effets du métamorphisme, montez encore pendant une
demi-heure, vous remarquerez que toutes
les pentes et les croupes de ces collines
sont couvertes de ces roches diverses.

Or, je le répète, ces blocs, ainsi que des amas immenses de galets qui se trouvent çà et là accumulés sur les plateaux inférieurs, sont, par leur nature minéralogique, parfaitement étrangers aux monts qu'ils revêtent... Quelle est leur origine? quel est le véhicule puissant qui les a transportés dans ces régions? quelle fut la force motrice qui a donné à ces véhicules l'impulsion initiative? Toutes questions que la science d'aujourd'hui résout par la théorie de *l'époque glaciaire*, théorie qui offre une merveilleuse histoire, qu'il serait trop long de raconter ici.

De nos blocs aux Palomières, il n'y a pas loin et la route ne cesse jamais d'être pittoresque. Elle le devient à un haut degré lorsqu'on atteint l'avenue des grands arbres entre lesquels le chasseur suspend, en septembre, ses perfides filets, destinés à arrêter les palombes de la saison. Là, la vue plane sur le pays des Baronnies, ondulations gracieuses et verdoyantes, couronnées par les monts de Lhiériz et les contreforts du Pic d'Arbizon, mosaïque d'une richesse incomparable, où les villages brillent comme des gemmes sur le velours des forêts et l'é-

meraude des prairies, contrées sillonnées
par d'innombrables ruisseaux , et où le
voyageur aventureux ira visiter les grottes
d'*Esparros*, abondantes en belles incrustations, les glacières souterraines du *puits
de la Pindole* et les sources de l'*Arros*.

IX

Vallée de Campan et Grip

Si nous proposons la promenade de Grip dans cette saison, c'est qu'elle n'est pas sans charmes en hiver et qu'elle ne demande pas un temps absolument clair et serein, comme la course du col d'Aspin. Au point de vue pittoresque, nous avons à y contempler des beautés de détail plutôt que de grandes lignes d'ensemble, et dans l'intérêt de la science, nous pourrons y recueillir bien des renseignements intéressants sans nous écarter de la route banale, et presque sans jamais descendre de voiture.

La route qui, lors de ma première visite dans les Pyrénées, en 1821, n'était qu'un mauvais chemin rocailleux, rapide, mal entretenu et à peine praticable pour les voitures jusqu'à Sainte-Marie, est devenue, sous le nom de route *thermale*, une belle chaussée, large, habilement tracée, entretenue avec un soin constant, défendue par des parapets de terre gazonnée et se prolongeant de Sainte-Marie, dans la direction de l'est, vers Arreau et Luchon, et, dans la direction de l'ouest, vers Barèges. Elle suit jusqu'à Grip la rive gauche de l'Adour, petit fleuve aux flots tumultueux, dont les nombreux affluents proviennent principalement des vallées de Lesponne, de Rimoulat, d'Arises, du Tourmalet, de Caderolles et des larges bases du Pic d'Arbizon.

A trois kilomètres de Bagnères, nous laissons à droite l'ancien couvent de Médoux. Les ruines de l'église, à demi-voilées par les lierres et les vignes sauvages, chéries des artistes, ont disparu pour

toujours, et ce n'est pas sans regrets que
je cherche, mais en vain, ces ogives gracieuses, cette porte surbaissée, sur les
angles de laquelle la lumière filtrée à
travers les trembles et les hêtres venait
jouer d'une manière si capricieuse. Le
regard se reporte encore avec plaisir sur
les beaux arbres qui ombragent les rochers et les grottes de Médoux, et que
surmonte le châtaignier gigantesque que
tous nos visiteurs connaissent bien. Mais
tout le monde sait-il que cet arbre, haut,
je crois, de 120 pieds, n'est pas une
exception ou, comme on dirait, un
monstre, mais une espèce particulière et
rare? Je dois la connaissance de ce
fait à mon savant ami, le docteur Mar-
tins, professeur à la Faculté des sciences de Montpellier, qui l'a étudié cet
automne et qui a adressé à la Société
Impériale d'Agriculture une description et
un dessin de ce bel arbre, dont il serait
si intéressant de multiplier la race.

Non loin du châtaignier se trouve une
abondante source qui, dès sa sortie du
flanc de la montagne, mettait autrefois
en mouvement une scierie de marbre;
on observe aussi une grotte qui sert d'or-

nement au jardin, et un soupirail d'où
s'échappe, pendant la chaude saison surtout, un vent continuel, dû peut-être à
l'écoulement intérieur d'une nappe d'eau,
peut-être à la raréfaction de l'air extérieur qui appelle l'air intérieur plus froid
et plus dense, et forme ainsi une chemi-
née de ventilation.

En longeant la montagne, après un
four à chaux, on remarquera d'anciennes carrières exploitées jadis pour l'ex-
traction d'une belle brèche marmoréenne.
On appelle *brèche*, en style scientifique
tout aussi bien que dans la langue indus-
trielle, une roche formée par l'aggloméra-
ration de fragments anguleux de marbres
reliés entre eux par un ciment calcaire.
La brèche de Médoux offre cette parti-
cularité que les fragments qui la constituent appartiennent à des âges divers.
On y trouve des schistes anciens, des
calcaires de l'époque jurassique, mêlés à
des roches d'origine ignée. Celles-ci sont
de belles serpentines vertes, onctueuses
au toucher, colorées par le chrôme,
susceptibles de prendre un beau poli, et
auxquelles il ne manque que d'offrir
alors de grandes dimensions, pour être

autre chose qu'un simple objet de curiosité. Il est probable qu'en creusant plus profondément sous la seconde carrière de Médoux, on arriverait à la serpentine compacte, qui offrirait un aspect bien plus avantageux que la serpentine bréchiforme.

Au-delà de Médoux, on traverse Baudéan, patrie de Larrey; à gauche, on laisse les restes d'un château dont les ruines offraient encore, il y a quelques années, un charmant motif pour le crayon et la palette, mais sur lequel la truelle et le badigeon ont laissé leur impitoyable empreinte. Comment donc ne peut-on s'arranger pour restaurer sans détruire? Ceci me rappelle un petit événement dont j'ai été, il y a quelques vingt ans, le témoin et même, hélas! un peu la cause innocente. Je visitais avec un ami les curiosités du Comtat, et nous allions en pélérinage artistique à Vaucluse. Au Thor, nous fûmes frappés de l'extrême beauté du portique roman de l'église du lieu. Et comme nous étions en extase devant ce cintre irréprochable, ces élégantes arabesques artistement fouillées, cette teinte dorée que le soleil de huit

cents étés a imprimées sur ces structures
antiques, un paysan bien mis, qui nous
observait, s'approcha de nous en disant :
« Vous trouvez donc que cela est beau,
messieurs ? » — « Beau ! dites admirable ; vous avez là un bijou sans prix, ne
permettez pas qu'on en enlève la moindre
parcelle, conservez-le avec un soin jaloux... » Un an après, revenant dans les
mêmes contrées, je m'empressais de re-
voir le joli arceau roman, dont je regret-
tais de n'avoir pas pris un croquis lors
de ma première visite. — O horreur !
une épaisse couche du plus beau blanc
de chaux couvrait l'édifice, empâtait ses
sculptures, cachait pour jamais sa teinte
dorée ! Malheureux effet de notre admi-
ration, dont la naïve expression avait
inspiré, à celui qui en avait été témoin à
notre visite précédente, de saisir son
conseil municipal du soin de la conserva-
tion de ce bijou d'architecture.

L'église de Baudéan a jusqu'ici
échappé à l'atteinte du badigeon. Que les
artistes ne s'y fient pas trop et qu'ils se
hâtent d'enrichir leurs albums de cette
rustique et naïve construction !

C'est près de Baudéan que se trouve

une caverne dont M. Philippe avait commencé l'exploration au point de vue paléontologique, et qui lui avait fourni quelques-uns des matériaux d'un intéressant mémoire sur les ossements de nos cavernes, imprimé dans les annales de la Société Linéenne de Bordeaux, mémoire qui constate les richesses de notre faune pyrénéenne. Les travaux de notre ami furent interrompus, je ne sais pourquoi, peut-être par la crainte de lui voir épuiser un trésor, erreur qui souvent arrête l'essor de la science, et qui chaque jour tend à se répandre dans des contrées restées jusqu'ici étrangères aux calculs d'une mesquine spéculation.

En se plaçant à l'entrée de la vallée de Campan, on pourra étudier un phénomène de géographie physique très-remarquable, qui se renouvelle assez généralement dans les pays montueux et même dans les régions des collines inférieures. Voici de quoi il s'agit. Les montagnes ont été formées pour la plupart, on le sait, par l'effet d'une dislocation des couches primitivement horizontales; il résulte de cette origine que leur section transversale offre l'aspect d'un trian-

gle scalène, dont un côté représentant le
plan des couches redressées est beaucoup
plus allongé et moins escarpé que l'autre
qui en représente la tranche. Placez sur
votre table un volume in-8°, soulevez-le
à une extrémité de deux ou trois pouces,
tandis que l'autre extrémité repose sur la
table, vous aurez sous les yeux la disposition d'une montagne. Si, à la suite de
ce premier volume, vous en placez un
second dans la même situation, vous
aurez entre les deux une vallée : vous
aurez à votre gauche l'image grossière de
la montagne d'Asté, à votre droite celle
des monts de Houn-Blanc, et au milieu
la reproduction de la vallée de Campan.

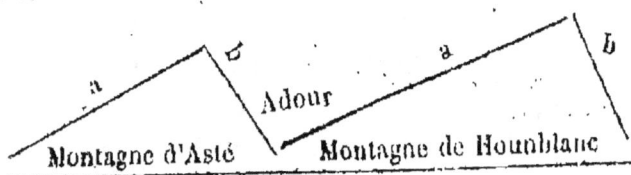

Il résulte de cette disposition que la
surface légèrement inclinée des montagnes (a, a), qui, dans la région qui nous
occupe, est tournée vers le nord-est, est
sillonnée par des cours d'eau qui y ap-
portent la fécondité et la vie, et que les

pentes abruptes (b, b), qui offrent les
surfaces rapides et crevassées de la tranche des roches calcaires et qui, dans
notre vallée, font face au sud-ouest, sont
privées d'eau et frappées de stérilité et de
mort. Ce phénomène explique le contraste
frappant qui existe entre la rive gauche
et la rive droite de l'Adour. C'est encore
à la même conformation primitive qu'il
faut attribuer ce fait également remarquable que dans le fond d'une vallée,
quelle que soit d'ailleurs sa largeur, les
cours d'eau qui la sillonnent dans sa
longueur se rapprochent toujours plus
des flancs abruptes des montagnes que
des pentes légèrement inclinées. C'est ce
que l'on peut observer dans le cours de
notre Adour, qui longe la côte la moins
fertile et la plus escarpée de la vallée de
Campan.

Cette disposition générale et presque
constante des cours d'eau forme la base
principale de la science des hydroscopes,
et substitue les données raisonnables de
la science aux errements empiriques de
la branche de coudrier et aux instincts
charlatanesques des chercheurs de sources.

Au-delà de Campan et au pied des rochers arides qui longent la rive droite de l'Adour se trouve une grotte dévastée depuis longtemps de ses stalactites, beaucoup trop vantée et à laquelle les étrangers rendent justice en ne se détournant pas de leur chemin pour la visiter. La contrée que l'on traverse jusqu'à Sainte-Marie est toute calcaire de la formation jurassique, mais vers la rive gauche, c'est-à-dire à la droite de la route que nous parcourons, les pentes sont recouvertes d'un puissant revêtement de roches roulées, entremêlées d'un riche et fertile humus, qui ont été amenées des hautes montagnes. Aussi les galets et les blocs anguleux qui forment ce revêtement sont granitiques, schisteux ou composés de grès rouges et de poudingues, au lieu de présenter une nature calcaire, comme les montagnes qu'ils recouvrent. La plus riche végétation a envahi ces terrains de transport, et partout l'œil se repose sur des tapis du plus beau vert, sur de charmants bosquets de hêtres, des jardins, des ruisseaux étincelants, des granges brillantes de blancheur, des troupeaux nombreux, des paysans actifs,

charmante idylle vivante qui fait de la
vallée de Campan un type de la vie
agreste et d'un pays privilégié. Je sais
bien que ce n'est pas ainsi que les étrangers en jugent à première vue, parce
que leur imagination, exaltée par d'im-
prudentes descriptions, se fait une repré-
sentation idéale et exagérée de ces belles
retraites, qu'elle cherche en vain dans la
réalité. Mais peu à peu le goût s'épure,
le coup d'œil se rectifie, la nature gracieuse et pure reprend ses droits, et je
n'ai aucune estime pour le goût d'un
homme qui ne revient pas sur son premier jugement pour s'abandonner plus
tard à une impression plus vraie et à une
appréciation plus satisfaisante.

Au-delà de Sainte-Marie la vallée se bi-
furque, l'affluent de droite descend direc-
tement des hauteurs du Tourmalet et se
trouve séparé de l'Adour de Paillole par
un vaste promontoire allongé, connu sous
le nom de *Serra de Mortis*. Ce promontoire ou plutôt cette langue de terres
élevées aux formes onduleuses et dont
les flancs sont couverts à la base de riches pâturages et de champs cultivés, à
la partie moyenne d'une lisière de hêtres,

et sur la croupe supérieure de terrains
vagues, offre une structure géologique
en tout semblable à celle des revêtements
que nous avons observés sur les flancs
méridionaux de la vallée de Campan. Ce
sont encore des terrains de transport
composés de roches tantôt évidemment
arrondies par l'érosion, tantôt anguleuses
et fragmentaires, étrangères au sous-sol
qui les supporte. En remontant la vallée
de Grip, on observera de semblables
amas, non-seulement contre la partie inférieure des montagnes, mais aussi à de
grandes élévations dans leurs vallons su-
périeurs. Nous les retrouvons encore de
Ste-Marie jusqu'au delà des prés St-Jean
à droite de la route. On se demande comment ces amas ont été accumulés, quel
agent leur a imprimé un mouvement capable de les faire descendre des hautes
régions, où se trouve leur source primitive, et de les répandre jusque sur les
humbles collines de Montgaillard et même dans la plaine de Tarbes. La plupart
des géologues attribuent ces accumula-
tions anormales à l'action des glaciers
qui, à une époque anté-historique, s'éten-
daient de nos cimes neigeuses jusqu'à la

base de notre grande chaine, laisssant
sur les flancs de nos montagnes les
traces de leur passage dans les sillons et
les stries qu'ils y creusèrent dans leur
marche progressive, et dans le fond et
sur les flancs des vallées, sous forme
de moraines, les débris des monts où ils
prirent naissance.

Dans la vallée de Grip, la nature re-
vêt un aspect très-différent de celui
quelle présentait dans celle de Campan.
Ici, au lieu du galbe onduleux, des
pentes herbeuses, des cimes aux formes
adoucies qui font le charme du paysage
campanais, nous remarquons des pentes
ruineuses, des forêts de sapins aux teintes foncées, des sommets déchiquetés,
acérés, menaçants. C'est que nous avons
quitté les formations jurassiques pour les
régions azoïques du schiste et des
roches feldspathiques. Les premières luisantes de mica et entrelardées d'andalou-
sites, les secondes veinées de grenat en
roche, de pétrosilex rubanné, compri-
mées, onduleuses, tourmentées dans
leur structure, à laquelle les impulsions
les plus capricieuses semblent avoir été
imprimées lors de leur première formation. Les unes et les autres pourvues d'em-

preintes d'êtres organisés et appartenant à l'époque des terrains que nous avons désignés dans notre tableau sous le nom de formation *cambrienne*. Aux débris de ces roches, que nous invitons nos lecteurs à étudier avec soin, viennent se joindre ceux de l'époque glacière dont nous avons déjà parlé, et qui offrent de beaux échantillons de granites, de n eiss, de porphyres et d'autres roches d'origine ignée.

Les cascades du Garet et de Tramesaïgues sont trop généralement connues pour que nous ne soyons dispensés de les décrire. Elles perdent beaucoup à être vues dans la saison des neiges, soit à cause de leur difficile accès, soit parce que le contraste entre leur écume et leur sombre encadrement disparaît par le voisinage des neiges éblouissantes de blancheur. Lorsque le froid est plus intense, elles offrent néanmoins un intérêt nouveau par l'étrange spectacle des glaçons dont elles s'enveloppent comme d'un vêtement diaphane et adamantin. L'hiver aussi offre au regard du touriste des splendeurs incomparables et des aspects mystérieux et fantastiques qu'il doit sai-

sir pendant leur existence éphémère, en
se promettant bien d'y revenir dans la
saison de la belle lumière et de la riche
verdure.

APPENDIX

On doit se rappeler que dès le début
de nos descriptions, nous avons repré-
senté la croûte terrestre comme ayant
été successivement formée par des dépôts sédimentaires, au fond des lacs et
des océans. Si ces dépôts n'avaient jamais
été troublés, ils se présenteraient sous
la forme d'une couche horizontale, et les
restes des êtres organisés renfermés dans
son sein présenteraient une flore ou une
faune, reliées dans toutes leurs parties
par des caractères frappants d'harmonie
et de contemporanéité. Mais il n'en a
pas été ainsi, les océans et les continents

ont été tour-à-tour déformés et re-
construits, relevés et abaissés, souvent
même substitués les uns aux autres par
l'apparition de roches hypogées dont nous
avons parlé ailleurs ; de là la succession de
diverses *formations* sédimentaires au lieu
d'une seule. On est convenu d'appeler
formation l'ensemble des sédiments, des
roches, des fossiles accumulés dans l'in-
tervalle de deux cataclysmes de soulèvement d'un ordre général. On distingue
une formation de la précédente et de
celle qui suit par leur stratification qui
ne concorde pas (l'une ayant par exemple
été déposée horizontalement pendant
que l'autre, déjà soulevée, se redres-
sait obliquement). On les distingue
aussi par la différence de leurs fossiles ;
les conditions de niveau, de température, de milieu aqueux ou aérien,
ayant changé les conditions de la vie ont
pu être altérées profondément. Enfin on
observe, mais à un bien faible degré,
une différence dans la constitution minéralogique des diverses formations. Le
tableau suivant donnera une idée de la
succession des formations qui constituent
l'écorce terrestre.

Épaisseur des formations	Noms généralement donnés aux formations
500	Formation tertiaire.
700	Formation crétacée,
500	Formation jurasique.
500	Formation triassique.
400	Formation permienne.
1800	Formation carbonifère.
1000	Formation dévonienne.
2500	Formation silurienne.
8500	Formation cambrienne.
Inconnue	Roches plutoniques.

TABLE

PROMENADES ARCHÉOLOGIQUES

PROMENADES

ARCHÉOLOGIQUES

I

Ce n'est pas seulement l'intérêt pittoresque qui recommande certains de nos sites ; sur plusieurs points la poésie des souvenirs se mêle à la splendeur du paysage, et l'œuvre souvent grandiose de l'homme se superpose à l'œuvre toujours prodigieuse de la nature. Au sommet des coteaux qui dominent notre plaine, la vanité gauloise éleva des *tumulus*, et sur les rochers et les éminences commandant nos vallées, la méfiance romaine établit des camps ou des postes fortifiés, que le génie féodal, génie de sombre précaution et d'âpre convoitise, transforma plus tard en donjons redoutables, nids de vautours plus encore que nids d'aigles. Bagnères se trouve, pour ainsi dire, enveloppé de ces monuments si diversement caractéristiques, et nous croyons faire une chose bonne et utile en signalant à nos visiteurs quelques-uns de ces muets témoins du passé.

Sur cette gracieuse ligne de coteaux qui commence au-dessous de la *penne* de Lhéris (deux noms celtiques par parenthèse), et qui s'écarte par degrés vers l'orient pour former la riche plaine du Bigorre, l'œil du voyageur arrivant de Tarbes est sollicité par une espèce de dôme ou de ballon, exhaussé de plusieurs mètres au-dessus des éminences voisines. La régularité des formes indique évidemment ici une de ces superpositions artificielles dans lesquelles se complaisait l'esprit à la fois inquiet, remuant et sérieux de la vieille Gaule. C'est le superbe *tumulus* de Bernac. Il est situé à deux heures de marche environ de Bagnères, et on y parvient sans grande fatigue, par des sentiers praticables aux chevaux, en s'élevant sur les collines que nous venons d'indiquer, et en laissant à gauche le château de M. le comte du Langle, et à droite, le village d'Orignac. On rencontre, avant d'atteindre le but de l'excursion, le manoir en ruines de Barbazan-Dessus, une des grandes baronnies du Bigorre. Le nom des sires de Barbazan figure glorieusement dans les annales de notre petit comté, et non moins glorieusement dans l'histoire nationale. Arnaud Guilhem de Barbazan, surnommé, avant Bayard, *le chevalier sans peur et sans reproche,* fut chambellan du roi

Charles VII et mérita par ses exploits le titre de *Restaurateur de la couronne de France*. Il fut tué à la bataille de Belleville, et la sépulture royale de Saint-Denis s'ouvrit pour lui comme elle s'était ouverte pour Duguesclin.

Revenons ou plutôt arrivons à notre tumulus.

Du côté du midi par lequel on y aboutit, les talus sont moins raides et l'aspect est moins imposant que du côté du nord. Sans nul doute, c'était pour être aperçue de la plaine que cette éminence de main d'homme était venue s'ajouter au coteau. Un champ touche au monticule, et il y a déjà quelques années, la charrue avait entamé la grande sépulture gauloise. Que les chercheurs se hâtent donc; avant qu'il soit longtemps, la culture, cette irrésistible envahisseuse, aura gagné le sommet, et le paysan ne se laissera pas aisément déposséder par l'archéologue. De ce point culminant, le spectateur peut s'éblouir de toutes les splendeurs de la montagne, ou s'attrister de toutes les mélancolies des horizons fuyant des plaines. La descente au village de Bernac s'effectue sans difficulté. Une fois au bas du coteau, on rencontre une belle route qui longe le chemin de fer, et au bout de quatre ou cinq kilomètres de marche, on parvient au riche et pittoresque bourg de Montgaillard, après avoir traversé l'Adour sur un pont ogival d'une seule arche, le plus ancien de tout le pays. Le diable, s'il faut en croire la légende, l'aurait bâti dans une seule nuit. Voilà qui est expéditif, n'est-ce pas? Il serait bien à souhaiter, soit dit en passant, que le diable consentît à être pour quelques nuits l'architecte de la ville de Bagnères.

L'église de Montgaillard, majestueusement assise sur un rocher où elle a pris la place d'un château féodal signalé par Froissard dans son itinéraire du midi de la France, apparaît de tous les points de la plaine, et vue de loin, aux rayons du soleil couchant, elle produit l'effet d'une cathédrale. Mais le prestige se dissipe à mesure que la distance diminue, et de près on constate une épaisse et lourde construction. De la plate-forme qui se trouve devant l'église, le point de vue est splendide, et plus splendide encore du sommet du clocher.

De l'église de Montgaillard aux *puyolles* (les montées), que nous avons déjà indiquées comme un incomparable observatoire, le chemin n'est ni très-long ni très-difficile. Ce plateau élevé, dominant d'un côté la vallée de l'Adour, de l'autre un pays coupé de ravins et d'étroits vallons, devait naturellement fixer l'attention des conquérants de la Gaule. Le *castrum* se révèle ici d'une façon tout aussi saisissante que le *tumulus* se révélait naguère sur les collines opposées. Le fossé se dessine sur une grande étendue, autour d'une de ces grandes levées de terre que les légions façonnaient souvent dans une nuit. Ce poste était sans nul doute un des plus importants de la contrée.

Ces deux excursions, intéressantes sous tant de rapports, peuvent facilement s'accomplir dans une journée. Rien n'empêcherait même d'y joindre une visite au mont de César, situé au-dessus du village de Pouzac. Mais nous conseillons aux hôtes de Bagnères de réserver, pour une promenade du matin ou du soir, ce mamelon à peine éloigné de deux kilomètres. Après les *puyolles* de Montgaillard, tout leur paraîtrait ici, ce me semble, singulièrement rapetissé, le camp romain aussi bien que le paysage.

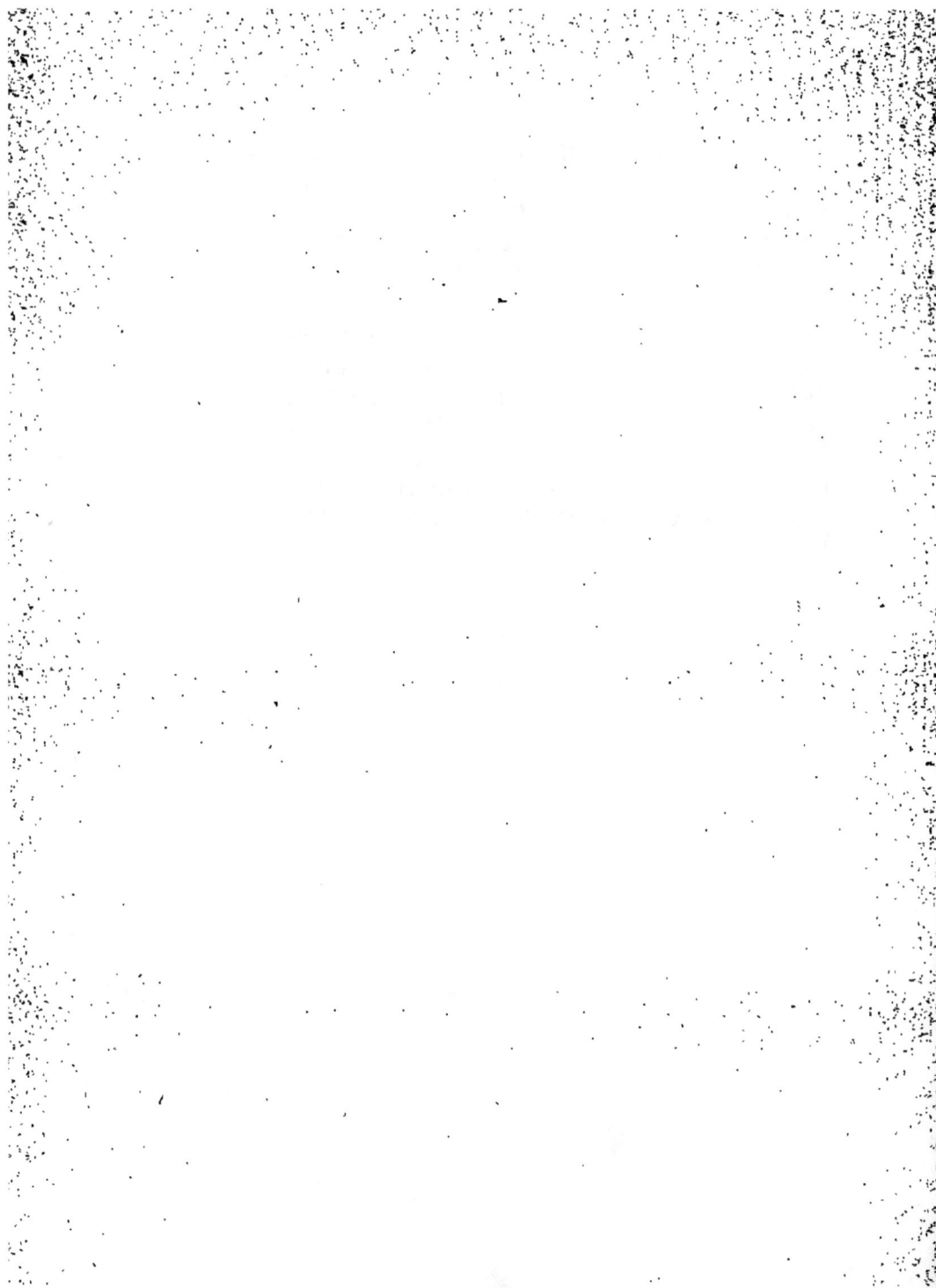

II

S'il ne faut pas moins d'une journée pour
aller de Bagnères au tumulus de Bernac,
et du tumulus de Bernac au camp romain
de Montgaillard, il suffira de trois ou quatre
heures pour visiter les quelques débris féo-
daux qui apparaissent encore dans la partie
supérieure de la vallée de l'Adour, au-dessus
des villages d'Asté et de Baudéan. On suit
d'abord, pendant un kilomètre environ, la
route directe de Bigorre à Campan ; puis,
après avoir franchi le torrent sur un pont
de bois, on se dirige vers le premier de
ces deux villages par un chemin rural, se
déroulant en gracieux méandres à travers
des prairies toujours fraîches et de luxu-
riantes plantations de maïs, orgueil légitime
de ce coin de plaine. Cette excursion sera
charmante, si on sait choisir une de ces
journées doucement voilées, qui succèdent
aux ardentes chaleurs caniculaires. Le
brouillard descend jusqu'à mi-montagne,
et estompe légèrement les arbres qui for-

ment la lisière inférieure de la forêt. Les
grands sommets se cachent, et l'attention,
qui n'est plus distraite par le Pic du Midi
ou l'Arbizon, se porte tout entière sur les
objets prochains, l'écume de la rivière, la
grâce de la prairie, la grâce de la prairie,
le luxe du champ. On atteint ainsi, moitié
pensant, moitié rêvant, les premières maisons du village d'Asté, et l'on se dirige
vers l'église, signalée de loin par un énorme
bonnet phrygien planté sur son clocher,
coiffure de 93, à laquelle certainement
1815 ne prit pas garde. Cette église possède
une assez belle statue de la Vierge, en
marbre blanc, provenant de l'ancien couvent de Médoux, qui s'adossait à la montagne d'en face, de l'autre côté de l'Adour.
Au 25 mars, jour consacré à une des nombreuses fêtes de Marie, les mères viennent
en foule présenter leurs enfants à l'image
vénérée, dont la réputation s'étend bien
au-delà de Bagnères. La statue, qui est
naturellement un chef-d'œuvre pour le curé
du village, n'est pour M. Etex, qui l'a
examinée de près et fort attentivement,
qu'une bonne copie d'un original appartenant à l'école florentine de la fin du XVI
siècle.

Le château s'élève, ou, pour mieux dire,
s'élevait à quelques pas de l'église, sur une
éminence naturelle, d'où l'œil embrasse
toute cette riante et fertile plaine. De grands
pans de murs sont restés debout, vêtus de
lierre et surmontés de la triste végétation

des ruines. Ils sont encore la propriété de
la famille de Gramont, dont ils furent le
berceau. Le château n'avait rien perdu de
son éclat dans le milieu du XVIIe siècle,
comme le prouve ce vers du chevalier de
Gramont :

Brillant château de Ménodore, etc.,

mais ce vers prouve aussi que le spirituel
conteur et charmant poète était aussi peu
soucieux de l'orthographe de famille que
de bien d'autres choses. Au lieu de château
de Ménodore, c'est château de *Menaud
d'Aure* qu'il aurait dû écrire. Ce fut, en
effet, Menaud d'Aure, sénéchal de Bigorre,
qui construisit ou releva le château d'Asté
vers 1440, sans doute après son mariage
avec l'héritière des Gramont, de Navarre.
Cette union fit du sénéchal un des plus riches et des plus puissants seigneurs du
Midi, et c'est sous un autre nom et avec
d'autres titres que se montreront désormais
dans l'histoire les descendants de l'heureux
Menaud d'Aure. Mais, quoique possesseurs
de plus larges et de plus somptueuses demeures, les Gramont n'oublièrent pas les
montagnes natales. A la fin du XVIe siècle,
au plus fort des guerres religieuses, le
château d'Asté devient le refuge de cette
charmante et douce Corisandre d'Andoins,
veuve du comte de Gramont, qui nous apparaît dans ce lointain sinistre avec une
auréole de grâce et de bonté. Henri IV,
dit-on, faisait à la belle recluse des visites

discrètes, pas si discrètes cependant qu'elles n'aient laissé des traces dans la tradition locale. On rencontre à l'entrée du village un petit cours d'eau qui a conservé le nom de *Laquo de Bourboun* (mare de Bourbon). C'était l'endroit où le Béarnais avait coutume d'abreuver son cheval, avant de monter au château.

Quoiqu'il en soit, Henri IV aima (autant qu'un sceptique peut aimer) la délicate et rêveuse châtelaine des Pyrénées. Cet amour parut même résister quelque temps à l'absence, si l'on s'en rapporte à quelques lettres écrites d'un ton presque tendre par le roi de Navarre, guerroyant alors dans l'Angoumois et la Saintonge. Mais, à la longue, Corisandre fut oubliée comme tant d'autres, et comme bien peu d'autres, elle mourut de cet oubli.

Le vent de la révolution a découronné l'antique château de Menaud d'Aure, mais il n'a pas emporté le nom de Corisandre, qui poétise encore ces ruines.

Après cette double visite à l'église et au château d'Asté, on regagne, par le midi du village, et en traversant l'Adour sur une passerelle, la grande route de Bagnères à Campan. On ne tarde pas à découvrir au bout d'un kilomètre de marche, sur une éminence verte, au débouché d'un frais vallon, une tour de forme carrée, au bas de laquelle s'étend une assez large terrasse. C'est là tout ce qui reste de l'antique château de Baudéan. Transformée d'abord en presbytère, cette tour est maintenant une façon de villa. Un badigeon blanc donne à ces murs un air d'innocence, et le paysan les regarde sans colère. Il n'en avait pas toujours été ainsi, tant s'en faut. Longtemps la haine fut grande entre le village et le château. Les Baudéan, rudes et tout d'une pièce, exerçaient les droits seigneuriaux avec une extrême rigueur, au moment même où ces droits, battus en brèche par la philosophie, allaient s'engloutir dans une révolution. Pour ainsi dire, à la veille de 89, les amendes et les vexations pleuvaient sur le village ; le pilori ne chômait guères, et l'on y voyait souvent attachés des enfants et des femmes. La prise de la Bastille donna raison aux manants, et le dernier baron de Baudéan, sentant que tout était fini pour lui en France, émigra un des premiers et mourut Autrichien. La commune, de son côté, témoigna sa reconnaissance à la révolution en envoyant une compagnie entière combattre à l'armée des Pyrénées occidentales.

De la terrasse qui précède la tour, la vue plonge sur le village entouré de belles prairies, et s'arrête sur le clocheton fort original qui surmonte la tour de l'église. Tout à côté, l'on distingue la maison de la justice seigneuriale, dont l'architecture solide se rapproche beaucoup de celle d'une prison.

Au retour, qui s'effectue tout entier par le grand chemin, on rencontre l'ancien

couvent des capucins de Médoux, fondé,
au XVIe siècle, par Suzanne de Gramont,
marquise de Montpezat. Le couvent est devenu aussi une villa ; la chapelle a disparu;
le *vade in pace* a été comblé; des cloisons
ont coupé les grandes salles; l'enclos des
moines s'est changé en jardin anglais; un
crépissage honnête a remplacé sur les murs
la tenture désordonnée des lierres. Deman-
dez cependant la permission d'entrer : il y
a là-dedans des choses qu'on n'a pas embel-
lies : une belle rivière qui sort paisiblement
des flancs de la montagne, un bois bien dru
et bien sombre dont on n'a pas encore fait
la toilette, enfin un merveilleux châtaignier,
venu sur la roche, dont la tige s'élève,
droite et lisse, comme celle d'un palmier.
Tout cela vaut bien qu'on se détourne de
quelques pas et qu'on adresse une supplique
à un concierge.

III

Ce n'est pas, on l'a pu voir, dans le voisinage immédiat de Bagnères, qu'il faut chercher les grands débris appartenant à l'époque féodale. Asté et Baudéan n'étaient guère que des résidences fortifiées, qui pouvaient tout au plus garantir d'un coup de main tenté par un voisin hostile ou tenir en respect des vassaux peu sensibles aux douceurs de la dîme et de la corvée.

Mais si les fiers monuments de l'architecture du moyen-âge sont à distance, ils ne sont pas cependant si éloignés qu'ils ne s'aperçoivent des hauteurs qui dominent Bagnères. Quelle est cette silhouette noire qui apparaît vers le nord, au-dessus de la plaine, et qui fait tache sur le ciel bleu? C'est la tour de Montaner qui se dresse, visible à l'œil nu par une claire journée, sur les coteaux formant la limite du Béarn et du Bigorre. Il y a un an à peine, une visite à cette imposante tour était presqu'un voyage. Aujourd'hui, grâces au chemin de

fer, c'est une excursion qui s'accomplit
sans fatigue dans moins d'une journée. La
vapeur vous emporte jusqu'à Vic ; c'est
l'affaire de cinq quarts d'heure. De Vic à
Montaner la distance est de six kilomètres
environ, et un marcheur médiocre la franchit
dans moins d'une heure et demie. Il n'est
donc pas douteux qu'en partant de Bagnères
par un des premiers trains, on ne puisse
être aisément de retour avant cinq heures
du soir.

Cela dit, nous nous permettrons d'aller un
peu plus vite que la vapeur, et nous vous
transporterons, peu importe comment, au
pied même de la tour de Montaner.

Cette superbe construction s'élève à deux
ou trois cents mètres environ du maigre
bourg de Montaner, chef-lieu du plus triste
canton des Basses-Pyrénées, sur une éminence, dont les talus escarpés descendent
jusqu'au fond d'un vallon sans grâce, arrondi
en plaine autour du village, et fermé par
des coteaux sans culture. La tour, regar-
dant le sud, se détachait en saillie d'une
vaste enceinte en partie écroulée. Lourde,
épaisse, presque monstrueuse, elle est là,
debout, comme un défi de l'audace humaine aux forces de la nature. Jusqu'à ce
jour, elle semble avoir vaincu. C'est que
c'était un rude et puissant bâtisseur que ce
Gaston-Phœbus, souverain des pays de
Foix et de Béarn, qui reconstruisit ou restaura toutes ses citadelles comtales. Ce
prince, aussi prévoyant politique que bril-

lant chevalier, et qui fut la plus vive
expression du moyen-âge dans le midi de
la France, souda ce formidable donjon au
vieux château de Montaner, comme le
témoignent cette inscription qu'on lisait,
qu'on pourrait lire peut-être encore, sur
une pierre armoriée de la tour: Phœbus
me pe.

Le rôle du château de Montaner finit avec
le moyen-âge. Les souverains du Béarn,
derniers possesseurs du Bigorre, et n'ayant
plus à se garantir des Armagnacs extirpés
de la Gascogne par Louis XI, ne se souciè-
rent plus de ces bonnes et solides murailles
qui avaient si longtemps couvert le côté le
plus vulnérable de leurs états. Le temps
alors commença son œuvre, et les manants,
rassurés eux aussi, y aidèrent de leur
mieux. Le château de Montaner devint
comme une espèce de carrière où les
paysans des environs venaient prendre des
matériaux pour construire ou réparer leurs
demeures. Seule, la tour fut respectée par
la pioche villageoise; on eût dit qu'un génie
redouté gardait le donjon de Gaston-Phœbus.
Cependant la destruction s'accomplissait
lentement. Les voûtes intérieures s'effon-
draient les unes sur les autres; le grand
escalier avait des lacunes vertigineuses, et
les vents et les pluies entamaient le faîte
décoiffé de sa toiture; le temps allait enfin
avoir le dessus, lorsque, il y a sept ou huit
ans, le conseil général des Basses-Pyrénées
décida que la tour de Montaner serait répa-

rée aux frais du département, et que la justice de paix et l'école communale y seraient
installées. A l'heure qu'il est, les répara-
tions sont complètes, et bien qu'on eût pu
souhaiter pour le vieil édifice une destina-
tion moins utilitaire, l'archéologie n'en doit
pas moins des remercîments au conseil général des Basses-Pyrénées, qui a su pré-
server d'une destruction inévitable un des
plus remarquables monuments de la féodalité dans nos contrées méridionales.

Beaucoup plus rapproché de Bigorre, le
château de Mauvezin (Mauvais-Voisin,
Castrum de Malo-Vicino, dans le latin bar-
bare du moyen-âge), se détache, à l'orient,
sur la seconde ligne de coteaux. On le distingue fort bien de tous les sommets qui
couronnent Bagnères. La distance à vol-
d'oiseau serait à peine de huit à dix
kilomètres, elle est de quinze à seize par
la route départementale, qui se tord comme
un serpent pour gravir les premières collines, puis court sur des plateaux dont elle
subit tous les accidents et se précipite enfin
(c'est le mot) dans la profonde vallée de
l'Arros. De la dernière rampe on découvre
devant soi une rangée de bâtiments blanchis
où se trouvent installés un relai de poste et
une ferme. Ces constructions sans caractère, sans originalité, sont froides à l'œil et
froides à l'âme. Le monacal et le bourgeois
s'y donnent la main, et la gaieté du badigeon jure avec la mélancolie du paysage.
Là fut cependant le plus célèbre établisse-

ment religieux du Bigorre, cette antique abbaye de l'Escale-Dieu, fondée, dans le XIIe siècle, par les Bénédictins de Citeaux. Mais les grands souvenirs qui recommandent l'Escale-Dieu, sépulture de nos vieux comtes, sont, en quelque sorte, enfouis sous les décombres de l'édifice primitif. Florissante encore au XVIe siècle, l'abbaye eut cruellement à souffrir des guerres religieuses. Elle fut plusieurs fois dévastée par les bandes calvinistes, enfin brûlée par Montgomery, qui, se dirigeant du pays de Foix vers le Béarn, laissait derrière lui comme une traînée de ruines. Les murs de l'Escale-Dieu purent se relever; mais ce qui ne se releva pas, ce fut la forte discipline des premiers âges, et la Révolution n'eût qu'à souffler sur ces murs, depuis longtemps sans prestige, pour en chasser des hôtes qui avaient perdu le sens de leur institution et qui ne regrettèrent sans doute que la paisible et grasse vie du couvent.

Au-dessus de l'Escale-Dieu se dessine le château de Mauvezin, qui semble se pencher sur le gouffre de la vallée. La route, après de longs et pénibles replis, atteint, au bout de deux ou trois kilomètres, le point culminant du coteau. Arrivé au village, le touriste, tirant à gauche, parviendra sans difficulté jusqu'à la base du monticule qui porte ces grandes ruines.

Le principal côté du château se présente avec sa grosse tour en saillie, percée d'une

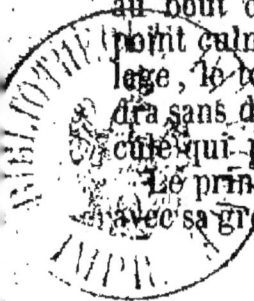

porte qui devait donner accès dans l'intérieur, par dessus un fossé large et profond,
au moyen d'un pont-levis venant s'abattre
sur un ouvrage avancé. Moins haute et
moins épaisse, moins audacieuse, si je puis
le dire, que celle de Montaner, la tour de
Mauvezin a résisté, elle aussi, au temps,
en dépit d'une énorme entaille de main
d'homme faite à la base. Une pierre sculptée
surmonte la porte, et à l'aide d'une lor-
gnette, on peut y lire cette inscription ou
plutôt cette devise : *J'ay belle dame*. Cette
pierre remonte probablement à Gaston-
Phœbus, qui restaura le château de Mauvezin, après l'avoir accepté du roï de
France, *pour ce que c'était franche terre et
relevant de nulluy fors de Dieu*.

Ce n'est point par la porte, mais par une
brèche ouverte au nord-est, qu'on pénètre
dans l'enceinte, formée de quatre murs à
peu près égaux et se coupant à angle droit.
Toutes les constructions intérieures se sont
écroulées à l'exception d'une grande citerne
isolée des murs. On marche sur une épaisse
couche de décombres, où prospère mer-
veilleusement la triste famille des parié-
taires. M. Achille Jubinal, devenu posses-
seur de ces ruines, a manifesté l'intention
d'y faire pratiquer des fouilles. Nous n'avons
pas besoin de dire que nous souhaitons
toutes sortes de succès à la pioche de l'archéologue.

Mauvezin, qui joua dans l'histoire de
notre comté un rôle presque aussi brillant

que le château de Lourdes, était, au XIVᵉ siècle, occupé par une bande d'aventuriers au service de l'Angleterre. Le duc d'Anjou, frère de Charles V, appelé par les barons révoltés du Bigorre, accourut de la Guienne où il guerroyait, et vint mettre le siège devant cette place. Après une vigoureuse défense, les aventuriers rendirent Mauvezin, à condition qu'ils seraient libres de se retirer en leurs pays, et d'emporter tous les objets susceptibles d'être chargés sur des bêtes de somme. On peut lire dans Froissart les détails de ce siège, qui ne se termina du reste à l'avantage des Français que parce que ceux-ci enlevèrent à la garnison un puits extérieur d'où elle tirait l'eau potable.

Les catholiques et les huguenots se disputèrent Mauvezin, comme tous les postes fortifiés du Bigorre, et le pays n'eut guère plus à se louer des uns que des autres.

L'apaisement des troubles religieux destitua de toute importance la fière citadelle comtale, soumise à tant de vicissitudes. La moins frappante n'est pas celle qui, dans la seigneurie de Mauvezin, a fait de M. Jubinal le successeur de Gaston-Phœbus.

Nous ne terminerons pas sans conseiller aux amateurs de l'architecture des vieux temps le voyage de Saint-Bertrand de Comminges (*Lugdunum Convenarum*). Nous aurions aimé à décrire cette curieuse ville, bâtie avec des débris romains et si bien couronnée par sa belle cathédrale gothique.

Mais Saint-Bertraud ressort moins de Bigorre que de Luchon, et nous n'entendons pas empiéter sur nos voisins. Nous nous permettrons seulement de dire que nous ne connaissons pas, dans les Pyrénées, de plus grandiose monument dans un plus merveilleux site.

FRÉDÉRIC SOUTRAS.

EXCURSIONS

ARCHÉOLOGIQUES

Un appel m'est adressé, qui m'embarrasse à plus d'un titre, mais surtout par sa bienveillance. Un homme que ses études et ses observations rendent compétent sur une foule de sujets Pyrénéens, et qui le serait certainement autant que moi dans l'appréciation du passé, M. Émilien Frossard me convie à des recherches, les unes relatives à l'archéologie, en général, les autres se rattachant à des points plus ou moins obs-

curs de notre histoire locale. Ma bonne
volonté seule peut répondre. Aussi, me
gardant de toute affirmation, ne ha-
sarderai-je que des conjectures. L'absence
de documents originaux commande, d'ailleurs, une grande réserve, et je m'estime-
rais heureux si je puis éclairer du demi-
jour de la probabilité quelques-unes de ces
questions qui me sont soumises et qui s'en-
foncent de plus en plus dans la nuit des
siècles.

Je prolongerai donc aujourd'hui, pour
obéir à la trop flatteuse invitation qui m'est
faite, mes promenades archéologiques au
delà des limites que je m'étais posées, et je
conduirai le lecteur dans le pays des sept
vallées, dans le Lavedan, où la domination
anglaise, se cramponnant, pour ainsi dire,
à la montagne, se maintint énergiquement,
après avoir cédé sur tous les autres points
du Bigorre. Chemin faisant, nous rencontre-
rons certainement la plupart des questions
qui nous sont indiquées, et s'il ne nous est
pas donné de les résoudre, nous les discu-
terons du moins. D'autres peut-être, attirés
par nous sur le terrain de l'archéologie et
de l'histoire bigorraises, terrain encore
neuf quoique bien souvent remué, appor-
teront la solution précise là où nous n'aurons apporté que l'investigation conscien-
cieuse. Mettons-nous donc en route.

Je connais peu de trajets aussi accidentés
et aussi pittoresques que celui de Bagnères
à Lourdes. On suit, pendant six kilomè-

tres, la grande voie qui conduit à Tarbes ;
puis tournant brusquement à gauche à
quelques centaines de pas du gros village
de Montgaillard, on gravit les pentes du
coteau si bien cultivé qui borne, à l'occi-
dent, la vallée de l'Adour. Du point culminant, l'œil découvre le grandiose amphi-
théâtre des Pyrénées depuis les monts de
l'Ariège jusqu'à la Rhune, et s'arrête bientôt sur la masse énorme du Vignemale
faisant reluire ses glaciers au soleil, et sur
les pics, aux formes si hardies, qui dominent le val d'Azun et celui des Eaux-Bon-
nes. Mais ce n'est pas de montagnes qu'il
s'agit aujourd'hui. Au bas de la côte rapide
qui descend vers l'ouest, on rencontre
une rivière lente et paresseuse, l'Echez.
À droite s'ouvre une vallée étroite, aux
collines abaissées, qui court du midi au
nord, et va se fondre à peu de distance de
Tarbes dans le grande plaine du Bigorre.
Le second village que l'on rencontre en
suivant, du point où nous sommes, le
cours de la rivière, est celui de Bénac,
surmonté des ruines d'un vieux château
féodal. Le lierre enlace ces débris, et la
légende, plus vivace encore, y serpente
avec ses fantastiques broderies. Tout le
monde connaît l'histoire de ce Bos de Bénac, prisonnier en Palestine ou en Egypte,
que le Malin, au prix que l'on sait, trans-
porta en quelques heures, dans son manoir
des Pyrénées, où sa femme était en train
de se remarier. Le maître fut reconnu,

non par l'épouse oublieuse ou les serviteurs empressés autour du nouveau châtelain, mais par son vieux lévrier, l'imagination populaire se rencontre ici avec la grande imagination d'Homère, et le chien des Pyrénées, suppléant la mémoire infidèle des hommes, fait pendant au chien d'Ithaque. Nous renvoyons pour les détails de cette histoire qui forme un drame complet, au livre si exact et si charmant de notre ami Eugène Cordier sur les légendes du Bigorre.

La seigneurie de Bénac était une des plus considérables du pays. De simple baronie elle s'éleva au rang de marquisat, et elle étendait sa juridiction sur presque toute la vallée de Castelloubon et jusques sur plusieurs des paroisses qui s'élèvent sur les pentes méridionales du val de l'Oussouet. Le marquisat de Bénac était possédé en 1789 par l'illustre famille de Rohan-Rochefort. Les villages qui composaient cette opulente seigneurie sont encore connus aujourd'hui sous le nom de villages du Marquisat.

Après ce zig-zag vers le nord, dans la vallée de l'Echez, nous nous en permettrons un autre en sens contraire, dans un second vallon latéral, qui débouche sur la grande route. C'est une tour féodale qui nous attire encore cette fois. Le lierre l'enveloppe aussi, mais non la légende. Elle s'élève au-dessus du village des Angles. Elle n'a, d'ailleurs, rien qui la distingue et la signale à l'attention spéciale de l'archéologue, et nous nous serions épargné ce détour d'un kilomètre si nous ne rencontrions là une de ces opinions acceptées sans bénéfice d'inventaire, et qui ne résistent pas au plus léger examen. Certaines gens veulent que le village des Angles tire son nom des Anglais. Malheureusement pour cette opinion, nous trouvons le nom de la baronnie des Angles dans des documents bien antérieurs à l'époque où les Anglais prirent possession du Bigorre; et si je ne me trompe, c'était un baron des Angles qui allait épouser la prétendue veuve de Bos de Bénac, lorsque celui-ci tomba d'une façon si inattendue, au milieu des préparatifs de la noce. Bos de Bénac vivait au treizième siècle; il avait suivi Saint-Louis en Egypte; et les Anglais qu'on ne l'oublie pas, ne dominèrent dans notre pays que cent ans plus tard.

Cette simple considération doit suffire, ce nous semble, pour faire justice d'une erreur qui ne repose que sur une ressemblance de noms. Cela dit, reprenons notre chemin vers Lourdes où nous arriverons, s'il plaît à Dieu, sans autre zig-zag.

Ce demi chef-lieu d'arrondissement se révèle de loin par le donjon qui s'élève sur un rocher à pic baigné par le Gave. Placée au débouché des sept vallées, cette position dominante dût frapper les Romains. Ces conquérants, qui avaient le génie de la castramétation, s'établirent en effet dans ce

poste et soudèrent aux fortifications natu-
relles de la roche, des fortifications artificielles tout aussi puissantes. Les traces de
l'occupation romaine s'aperçoivent ou
s'apercevaient encore, il y a quelques
années, sur le côté qui regarde le Gave. Les
barbares succédèrent aux Romains, et les
Sarrazins, s'il faut en croire la tradition se
seraient cantonnés là, après le grand désastre de Poitiers, et n'en auraient été expul-
sés que par le glaive de Charlemagne.
Mais ce dernier point est fort contestable.
Quoi qu'il en soit, la féodalité prit possession du formidable rocher, et s'y installa à
son tour avec le luxe de précautions et de
défiance qui caractérise l'architecture militaire du moyen-âge. Le château de Lourdes
devint alors la principale forteresse du
Bigorre, surveillant d'un côté le Béarn
toujours prêt aux expéditions hardies et aux
coups de main inattendus; de l'autre, l'œil
fixé sur la montagne, par où pouvait se
précipiter l'invasion Aragonaise. La citadelle
fit bonne garde pendant des siècles et l'on
n'eut jamais à se plaindre qu'elle eût
failli à la défense du pays; l'ennemi, de
quelque part qu'il vînt dut toujours s'arrêter devant cette insurmontable barrière.
Mais le Bigorre disputé, au XIIIe siècle, par
une foule de prétendants fut mis en sequés-
tre par les rois de France et enfin réuni à la
couronne par Philippe-le-Bel. La paix de
Bretigny l'en détacha pour le donner à
l'Angleterre. Notre comté devint ainsi une

annexe des vastes provinces du midi et de
l'ouest qu'administrait avec autant de pru-
dence que de vigueur le fameux prince
Noir. Un sénéchal anglais, ou pour parler
plus juste, un sénéchal nommé par l'Angleterre, prit la place du sénéchal français, et
Lourdes comme toutes les autres citadelles
comtales, arbora le drapeau de l'étranger,
mais le Bigorre ne se soumit qu'avec répu-
gnance à ses nouveaux maîtres.

Ici se présente la plus importante des
questions qui me sont posées : l'influence
de la domination anglaise a-t-elle été aussi
grande que pourraient le faire supposer les
traditions populaires? Je vais essayer de
répondre.

Constatons d'abord un fait; c'est que cette
domination n'a guères duré au-delà d'un
demi-siècle, de 1360 à 1418. Encore faut-il
noter que plus de la moitié du Bigorre, la
plaine et la partie orientale, y compris le
château de Mauvezin, furent enlevées aux
nouveaux dominateurs, moins de quinze
ans après la prise de possession, par le duc
d'Anjou, frère de Charles V, appelé par la
plupart des barons et des communes. Je
n'hésite pas à dire que bornée à ce court
espace de temps, dans la vallée de l'Adour
et dans celle de l'Arros, la domination anglaise n'a pas pu laisser sur le sol d'empreintes profondes, surtout dans les villes
dont les franchises avaient été maintenues
et qui se montraient surtout jalouses du
droit de se garder elles-mêmes. Voilà pour

le plat-pays. Reste la montagne, le Lavedan
où les Anglais (nous ferons voir tout-à-
l'heure ce qu'il faut entendre par cette dénomination) s'appuyant au château de
Lourdes, et plus avant dans la vallée, à
ceux de Castelnau-d'Azun et de Sainte-
Marie de Barèges, se soutinrent avec obsti-
nation pendant près de soixante ans. Cette
occupation tenace, mais inquiète et troublée,
a-t-elle pu *anglicaniser* le pays, et justifie-
t-elle les récits populaires qui du Lavedan
se sont répandus dans le reste du Bigorre,
et qui font jouer un si grand rôle à la domination anglaise dans cette partie des
Pyrénées ? Examinons.

On se tromperait singulièrement si on
supposait que notre pays, à l'époque où il
changea de maître, fut inondé d'un flot
d'Anglais débordant de la Guienne. La
chose eût été un peu difficile. Le prince
Noir, obéissant à une politique tradition-
nelle, s'attachait à ménager les susceptibi-
lités gasconnes, toujours prêtes à prendre
feu, et comptait à sa Cour de Bordeaux
beaucoup moins de barons anglais que de
barons d'Aquitaine. Son armée, à part les
archers qui venaient presque tous d'Outre-
Mer, était un pêle-mêle de Poitevins, d'An-
gevins, de Gascons et d'aventuriers de
toutes les provinces du Midi. Il en était de
même des garnisons. Celles-ci étaient presque partout commandées par des capitaines
parlant la langue d'Oc. On voit par là que
les Anglais, les vrais Anglais, ne pouvaient

pas être fort nombreux dans le Bigorre. Ils
l'étaient si peu que le commandant de
Lourdes, qui était en même temps sénéchal du comté, c'est-à-dire le chef politique et militaire, représentant direct dans
le pays du roi d'Angleterre, était messire
Pierre-Arnaud de Béarn, cousin de Gaston-
Phœbus. Les noms des autres capitaines
enfermés avec lui dans le château de Lourdes et dont Froissart raconte en détail les
aventureux exploits, ont tous la physiono-
mie méridionale. Ils n'en recevaient pas
moins la dénomination d'Anglais, qui était
donnée à tous les partisans du roi Édouard
III dans les provinces limitrophes de la
Guienne. Cela résulte de plusieurs passages
du grand chroniqueur, je pourrais dire du
grand peintre du quatorzième siècle,
notamment de celui-ci où il dit, en parlant
de Raymonnet de l'Espée, gouverneur de
Mauvezin pour le roi d'Angleterre : « Plus
tard il se tourna Français. »

C'était donc un béarnais qui exerçait, par
délégation, l'autorité de l'Angleterre sur le
Bigorre; c'étaient des Navarrais, des Gascons, des Languedociens, qui comman-
daient les bandes enfermées avec lui dans
le château de Lourdes. Si le sénéchal n'é-
tait pas anglais de naissance, si les capitaines placés sous ses ordres ne l'étaient pas
davantage, il est impossible de concevoir
que les soudoyers fussent des gens d'outre-
mer.

Ces faits admis, il n'est pas supposable

qu'une occupation ainsi pratiquée et qui ne
s'est pas prolongée, qu'on ne l'oublie pas,
au-delà d'un demi siècle, ait pu influer sur
les contemporains autant qu'elle semble
avoir agi sur les générations suivantes. Je
crois donc que la tradition, qui s'exagère
et s'amplifie à mesure qu'elle s'éloigne des
évènements, a fait à la domination Anglaise
dans le Bigorre une part plus large que
celle que l'histoire peut raisonnablement lui
faire. A Lourdes, et dans les autres parties
du Lavedan, elle dut se borner à restaurer
les vieilles murailles, à se fortifier, à
se prémunir, je consens à admettre qu'elle
ait substitué des tours carrées à des tours
rondes, mais je ne saurais consentir à
autre chose.

Je crois en avoir dit assez sur ce point pour
édifier le lecteur, revenons maintenant au
récit dont nous a écarté cette digression
critique.

Pierre-Arnaud de Béarn défendit vail-
lamment le château de Lourdes contre le
duc d'Anjou et les barons révoltés du Bigorre, et après plusieurs semaines de siége,
les contraignit à se retirer. Son frère Jean
de Béarn qui lui succéda dans la charge de
sénéchal, ne se montra pas moins dévoué
à l'Angleterre. Ce ne fut que longtemps
après la mort de celui-ci, en 1448, que le
drapeau Anglais cessa de flotter sur le donjon de Lourdes. Cette ville et le comté de
Bigorre passèrent quelque temps après à la
maison de Foix. Pendant plus d'un siècle

et demi, la vieille forteresse féodale s'efface, et elle ne reparaît avec un rôle actif qu'à l'époque des guerres religieuses. Les catholiques l'occupèrent constamment. Mais les ligueurs n'y pénétrèrent pas plus que les calvinistes.

A partir du règne d'Henri IV, le donjon se borna à veiller sur la frontière et à tenir en bride la population du Lavedan peu sensible aux douceurs de la Gabelle. Le XVIII° siècle en fit une prison d'état. La monarchie de Louis XV déshonorait tout, jusqu'aux pierres. Le château de Lourdes est aujourd'hui une place forte de quatrième ou de cinquième classe. Le génie militaire l'a restaurée, il y a quelque temps, et cette restauration, que rien ne justifie, n'est pas à notre avis une des moindres injures infligées à ces vénérables murailles.

Le château de Lourdes barre littéralement la vallée du Gave. Le torrent, qui a dû se frayer un passage à travers d'épaisses masses calcaires, tantôt se replie et se tord convulsivement, tantôt, déployant sa large nappe verte, semble se reposer de ses grands efforts et de ses grandes luttes. Repos redoutable! car le Gave, comme tous les torrents pyrénéens, ne s'endort que dans les gouffres!

Ce n'est qu'à trois ou quatre kilomètres plus loin, au-dessus du Pont-Neuf, que les montagnes s'écartent vers la gauche, tandis que de l'autre côté, celui de la route, se dessine une longue ligne de roches blan-

ches qui protège le bassin d'Argelès contre
les souffles du nord et de l'ouest, et qui
fait de ce coin privilégié des Pyrénées une
terre de promission, où mûrissent la figue
et la pèche et où la vigne serpente autour
des ormeaux, à deux pas des neiges éter-
nelles. On ne tarde pas à rencontrer le
gracieux village d'Agos, dont les maisons,
nichées pour ainsi dire dans le calcaire,
regardent avec un air de complaisance les
croupes boisées d'en face et les belles prairies qui bordent le gave. Ce village, tout
petit qu'il est, paraît avoir des prétentions,
si l'on en juge par ces deux vers patois,
fort connus dans le Lavedan :

Baü mès esta crabo en Agos
Qué curé en Viscos.

(Il vaut mieux être chèvre à Agos
Que curé à Viscos.)

Nous déclinons bien entendu toute com-
pétence sur ce point de bien-être relatif; il
faudrait avoir entendu les parties intéres-
sées. Voici d'ailleurs la tour de Vidalos qui
se dresse devant nous et à côté de laquelle
se dresse aussi une grave question d'archéologie. Debout sur un tertre élevé de
quelques mètres seulement au-dessus de la
route, et qu'on est presque tenté de croire
artificiel, cette tour voit se déployer au
midi la vallée jusqu'aux gorges de Pierrefitte et de Cauterets, et en même temps
elle plonge sur tout le cours inférieur du

Gave. Le peu d'étendue du mamelon exclut toute idée de constructions plus considérables, et il est impossible de concevoir ici un château-fort servant à la défense de la vallée.

Qu'était-ce donc que cette tour de Vidalos ? Il serait difficile, selon nous, d'y voir autre chose qu'une de ces sentinelles avancées que les grandes forteresses du moyen-âge poussaient devant elles et qui devaient les prémunir contre toute surprise. Ces tours étaient fort nombreuses et fort rapprochées dans les pays frontières ; les marches d'Ecosse en étaient pour ainsi dire jalonnées; et sous le nom caractérisque d'*atalayas*, elles faisaient le guet pour l'Espagne chrétienne toujours en garde contre l'Espagne musulmane. Ces tours, placées sur des points culminants et plus ou moins rapprochées les unes des autres, communiquaient entre elles au moyen de signes convenus, qui n'étaient, j'imagine, ni très-nombreux ni très-compliqués. Des feux de branches sèches ou de broussailles constituaient probablement toute la télégraphie militaire du moyen-âge, la colonne de fumée, pendant le jour, la colonne de flamme, pendant la nuit, avertissaient que l'ennemi était proche, et cela suffisait pour donner l'éveil à tout le pays.

Ces tours étaient fort multipliées le long de la chaîne des Pyrénées ; les vallées d'Aure, de Louron et de Larboust en étaient couvertes ; quelques-unes sont restées de-

bout comme celle de Vidalos; mais la
plupart ont disparu laissant à peine quelques traces sur le sol.

Lourdes, la principale forteresse du Bigorre, correspondait ainsi, non-seulement
avec les autres postes fortifiés du Lavedan,
mais encore avec Mauvezin qui protégeait
le côté oriental du Bigorre. Cette dernière
communication était établie au moyen d'une
seule tour de signaux plantée sur le rocher
qui domine le village de Labassère. Les
signaux d'alarme passaient par dessus Bagnères qui ne les soupçonnait pas, à moins
que quelque berger, paissant ses brebis sur
le flanc occidental du Bédat ou du Monta-
liouet, ne descendit et ne vînt avertir les
bourgeois.

Mais à Labassère, pas plus qu'à Vidalos,
la simple inspection des lieux ne permet
pas d'admettre autre chose qu'une tour de
signaux. Cela n'empêche pas les habitants
du premier de ces villages de décorer leur
rocher du nom de château, et je ne serais
pas étonné que les gens de Vidalos n'en
fissent autant pour le mamelon qui porte
leur tour. Ici, l'exiguité de l'espace n'au-
torise pas d'autre supposition que celle
d'une tour de signaux, indispensable en
ce lieu pour mettre le donjon de Lourdes
en relation avec le château de Beaucens
surveillant à la fois les gorges de Pierrefitte
et de Cauterets, ces débouchés naturels de
toute invasion Aragonaise. Il n'y aurait que
des documents positifs (et je ne crois pas

qu'il soit possible d'en produire) qui puissent me faire démordre de cette appréciation.

La vallée, encore étroite et tourmentée autour de Vidalos, se développe bientôt au point où descend le frais et riant bassin d'Extrême-de-Salles. Argelès apparaît sur une éminence, et le magnifique rideau de Davantaïgue (levant de l'eau, levant par rapport au Gave) commence à se déployer sur la gauche avec son brillant damier de champs, de vergers et de prairies. Argelès, il y a quelques vingt ans, s'est annexé la petite commune de Vieuzac, qui lui a porté un surcroît de population de deux ou trois cents âmes. On montre dans ce village devenu faubourg une maison seigneuriale flanquée d'une tour, ayant appartenu à la famille de Bertrand Barrère. L'avocat au parlement de Toulouse et le lauréat des Jeux Floraux se parait volontiers, avant quatre-vingt-neuf, du nom de ce fief de famille. Plus tard, le rapporteur du Comité de Salut-Public, dut regretter cet appendice nobiliaire ajouté à un nom passablement roturier, surtout, quand Camille Desmoulins, cet enfant terrible de la révolution, eut menacé de fouiller dans le *Vieux Sac*, Mais ce passé est encore brûlant; ne nous y arrêtons pas, Nous n'aurons pas, d'ailleurs, bien loin à aller pour rencontrer des ruines qui ne compromettent pas, des ruines refroidies, d'où la vie s'est échappée depuis longtemps avec ses agitations et ses violen-

ces et où l'on n'entend plus d'autre bruit
que celui des lézards froissant les lierres
ou la plainte du vent dans les hautes
herbes !

A Argelès, l'archéologue comme l'ama-
teur de paysages, ne sait par où commen-
cer. Commençons cependant. Voici la pittoresque vallée d'Azun qui se précipite
(c'est le mot) dans le grand bassin du Lavedan. Une route raide et sinueuse, bordée
de noyers et de frênes, s'élève péniblement
sur le versant qui regarde le Midi, et de
cette rampe, l'œil découvre par intervalles,
le torrent qui écume entre ses vertes rives.

Au bout de trois ou quatre kilomètres de
marche on atteint le village d'Arras que
couronnent de vieux pans de murailles. Ce
sont les ruines de Castelnau d'Azun qui,
avec Sainte-Marie de Barèges, fut le dernier
poste occupé par les Anglais dans le Bigorre. Ces ruines n'ont rien qui les distingue
d'une façon spéciale. Mais elles se recommandent par leur nom même. La maison
de Castelnau, originaire du Lavedan, a
joué un rôle important dans l'histoire du
comté, et se mêle glorieusement, dans le
seizième et dans le dix-septième siècle, à
l'histoire nationale. Michel de Castelnau,
dont il nous reste des mémoires fort curieux, fut ambassadeur du roi Charles IX
auprès de la reine Elisabeth. Le maréchal
de Castelnau commandait, sous Turenne,
une des ailes de l'armée française à la bataille des Dunes, et deux jours après il

succombait héroïquement devant Dunker-
que à l'âge de trente-huit ans.

La famille de Castelnau possédait au dix-
huitième siècle de vastes domaines dans la
plaine du Bigorre, entr'autres le château
de Laloubère. Cette terre fut vendue à la
famille de Palamini vers 1760, moyennant
la somme de trois cent cinquante mille livres.
Dans cette vente étaient compris le château
de Castelnau d'Azun et les droits seigneuriaux sur Arras et autres lieux. La famille
de Palamini, en vertu de ce titre, est encore
propriétaire de ces ruines et d'une maison
où était installée la justice seigneuriale.

Ces dépendances, qui avaient leur prix,
il y a cent ans, ne sont plus aujourd'hui
qu'une charge pour le château de Laloubère. Ainsi va le temps, et je trouve qu'il
va bien. D'Arras à Aucun et d'Aucun à
Marsous, rien ne distrait le voyageur des
magnificences de la nature. Aucun, chef-
lieu de la vallée, ressemble assez à un village espagnol du haut Aragon. La malpro-
preté des rues et des maisons ne contribue
pas peu à cette ressemblance. On passe sans
s'arrêter, devant la vieille église qui attriste
et n'intéresse pas. Après Marsous, se développe le gracieux bassin d'Arrens. Ce
dernier village, beaucoup plus considérable
et, je le dis à sa louange, beaucoup moins
espagnol que ceux qui le précèdent,
s'adosse au rocher de Pouey-la-Hün ou la
Houn (éminence de la fontaine), notons en
passant que le mot Pouey (de pouya ou

puya, monter), qu'on retrouve partout
dans les Pyrénées, et qui désigne chez nous
des mamelons de médiocre hauteur, à
sommets arrondis, s'applique, au contraire,
en Auvergne, où il est légèrement altéré
par une syncope, aux points culminants
et aux cimes les plus élevées : le Puy-de-
Dôme.

L'éminence de Pouey-la-Hûn se révèle
de loin par les constructions qu'elle porte.
C'est, d'un côté, une chapelle, de l'autre, un
grand bâtiment, percé de nombreuses
fenêtres et qui fait hésiter l'esprit entre la
supposition d'une caserne et celle d'un
séminaire. La chapelle, qui est cependant
un des plus anciens oratoires de la Vierge
dans les Pyrénées, ne se distingue à l'extérieur que par un badigeon blanc d'une
fraîcheur irréprochable. Pour se sentir un
peu dans le passé, il faut pénétrer à l'intérieur et fouler le sol inégal et raboteux de
la chapelle, formé par la roche même qui
supporte les murailles, et où sont également
taillées les marches de l'autel. Mais le sentiment pieux du passé, éveillé un instant par
ce pavé tout d'une pièce, où tant de générations se sont agenouillées sans le polir, ne
résiste pas au mauvais goût des peintures et
des dorures, et l'artiste sort de ce sanctuaire
avec une crispation nerveuse bien légitimée
par l'antithèse criarde du sol et de la voûte.
Quant au bâtiment d'en face, qui fait naître
des idées si contradictoires, je me hâte de
déclarer que ce n'est point une caserne.

19

Il ne faut rien moins que la beauté du site
pour soulager l'esprit de ces malencontreu-
ses constructions. D'un côté, la gracieuse
plaine d'Arrens, qui termine la vallée, se
déroule à vos pieds avec ses belles prairies
et ses cultures variées ; de l'autre, en se
tournant vers la montagne, l'œil hésite
entre deux gorges, l'une vêtue de forêts et
où l'on voit serpenter en longs replis la
route thermale de Cauterets aux Eaux-
Bonnes ; l'autre, plus sauvage et plus grandiose, montant vers le faîte des Pyrénées et aboutissant par d'effrayants talus de
roche et de glace jusqu'au port d'Arrens,
un des passages les plus élevés et les plus
redoutables de la grande chaîne. Mais ce
n'est point pour admirer des paysages que
nous sommes venus jusqu'à Pouey-la-Hün.
Nous en avons, il est vrai, fini avec les
monuments de la vallée d'Azun, mais
n'oublions pas qu'une magnifique décoration
de ruines nous attend dans le bassin
d'Argelès, où toutes les mélancolies du
passé se mêlent à toutes les grâces et à
toutes les splendeurs de la nature.

Il n'est pas nécessaire, pour rentrer dans
le bassin d'Argelès, de reprendre le chemin
de grande communication qui nous a
conduits jusqu'au pied du mamelon de
Pouey-la-Hün. La route thermale est là,
qui se développe de l'autre côté de la vallée et qui, franchissant le Gave sur un
pont construit exprès, vient aboutir, en
dessous d'Aucun, sur la rive gauche du

torrent. Là, par une assez longue rampe, elle vient se souder au chemin de grande communication qu'elle emprunte jusqu'à Arrens.

Faisons comme la route thermale, et franchissons le Gave pour nous diriger vers Saint-Savin. Mais avant de tourner le dos à la montagne, jetons un coup-d'œil sur les pittoresques villages de Bun et de Sireix, suspendus avec leurs champs et leurs prairies au-dessus du torrent qui se brise, et arrêtons-nous un instant au débouché du *Labat-d'Estaing*, corne gauche de la vallée d'Azun, qui pénètre jusqu'à la base septentrionale du *Mounné* de Cauterets. Je n'ai parcouru qu'une seule fois le *Labat-d'Estaing*. C'était au mois de mars ; les prairies étaient encore rousses et les arbres dépouillés. Ce vallon étroit et sinueux, qui forme un village de quatre ou cinq kilomètres de longueur, me parut charmant avec la seule décoration du soleil ; il doit être délicieux, en été, quand les bouquets de hêtres qui s'interposent entre les habitations, étendent leur ombre et leur mystère sur les rives frangées d'écume. Aussi je n'hésite pas à recommander le val d'Estaing, bien qu'il n'ait pas le moindre pan de vieux mur à montrer aux amateurs du passé. J'aime à croire que les archéologues ne sont pas tellement amoureux des tentures de lierre, qu'ils ne puissent admirer, de temps à autre, les verts tapis de la montagne.

Il suffit de deux heures de marche en-

viron pour atteindre Saint-Savin. Ce village,
bâti sur un plateau qui regarde Davantaigue, s'impose de loin à l'attention par sa
grande basilique visible de tous les points
du bassin d'Argelès. On n'a pas plutôt pénétré dans la place, bordée de maisons plus
spacieuses que celles du commun des villages, qu'on se sent déjà quelque peu dans
le passé. On devine qu'il a circulé là un
courant de vie qui s'est interrompu tout-à-
coup. La place est déserte; les maisons, déla-
brées pour la plupart, sont fermées et comme endormies. Quelqu'un qui serait trans-
porté sur ce plateau, sans rien savoir de
l'histoire du lieu, serait convaincu que le
silence et la solitude s'y sont faits en un
jour, comme l'ombre et l'étouffement à
Herculanum et Pompéïa. Le voyageur ainsi
impressionné aurait raison, c'est une éruption aussi qui a fait cette tristesse et ce
deuil; éruption lumineuse et féconde ailleurs, mais qui n'a jeté que des cendres et
des scories sur la pauvre bourgade pyrénéenne.

Les révolutions ont de ces anomalies;
le soleil a aussi les siennes. Il mûrit les
blés dans toute une contrée, et les brûle
quelquefois dans un canton. Faut-il, pour
cela, maudire le soleil et le proclamer
fléau? Dans les révolutions, comme dans
la nature, il faut regarder au résultat général.

Ce sentiment inspiré par ce que j'ap-
pellerai la désertion de la vie, redouble

en approchant de l'antique basilique romane qui, soutenue par ses lourds piliers, n'a pas encore fléchi, et porte majestueusement le poids des siècles. Les murailles de l'abbaye, — une des plus riches et des plus puissantes de la Gascogne,— ont croulé misérablement, et à travers ce fouillis de décombres de plus en plus envahis par la triste végétation des ruines, on a peine à suivre le plan de l'édifice sur le sol. La maison du seigneur-abbé a disparu ; la maison du Seigneur-Dieu, comme disait le moyen-âge, est toujours debout ; il n'y a rien à redire à cette justice du temps.

La basilique de Saint-Savin est un des plus anciens monuments religieux des Pyrénées. Elle date du 10me ou du 11me siècle. C'est l'art roman dans sa grave et noble simplicité, l'art roman qui s'harmonise si bien avec la sévérité de l'Eglise victorieuse des persécutions et des hérésies. Il marque et caractérise admirablement cette époque où le christianisme s'asseoit et se repose, pour ainsi dire, dans sa force. Il témoigne, par la correction calme des lignes, de la paix et de la satisfaction des âmes, comme le gothique bientôt, par sa sculpture tourmentée et convulsive, va constater les misères et les souffrances du siècle, et dans les flèches aigües de ses cathédrales, symboliser les aspirations et les élancements vers l'idéal divin, entrevu de *l'enfer* de la terre.

La basilique de Saint-Savin, qu'on la

découvre de loin ou qu'on l'examine de
près, réalise à merveille toutes les conditions simples et austères de l'art roman.
L'extérieur est grave, l'intérieur est majestueux... On pénètre dans l'édifice par
une porte où le plein-cintre est exagéré et
dont les nervures à demi-rongées portent
la rouille des siècles... On descend aujour-
d'hui dans la nef, il fallait probablement y
monter autrefois. De massifs piliers, aux
angles écornés, supportent une voûte har-
die fendue de lézardes. Le délabrement est
dans toutes les parties; et la poussière, la
poussière des décombres, s'élève sous les
pas du visiteur solitaire. La pierre comme
le bois est entamée de toute part, la basilique n'est pas sans doute prête à crouler,
mais elle se dissout en détail; elle s'émiette,
pour ainsi dire. N'aura-t-on pas pitié de
cet antique sanctuaire voué à une lente,
mais infaillible destruction? Les gouttières
sont souvent plus funestes aux vieux monuments que les trombes et les tremblements
de terre.

On voit dans le chœur le tombeau de
Saint-Savin, qui donna son nom à l'église
et au monastère. Il était fils, dit-on,
d'un comte de Poitiers; c'était un de ces
amoureux de la solitude qui fuyaient les
grandeurs comme un piége. L'agreste vallée
d'Azun lui offrit un asile; il y vécut longtemps de la vie contemplative, et la légende
a recueilli de nombreux miracles accomplis
par le fervent solitaire. Des peintures sur

bois décorent les murs de l'église; elles
retracent les principaux événements de la
vie du saint, et n'ont guère d'autre mérite
que celui de la simplicité.

L'abbaye aurait eu Charlemagne pour
fondateur. Mais cette origine est douteuse,
car la tradition seule l'atteste. Ce qui est moins
contestable, c'est l'influence, je serai presque tenté de dire, la puissance de l'abbaye.
Les abbés de Saint-Savin, étaient seigneurs
d'une partie de la vallée d'Argelès; leur
juridiction s'étendait sur tous les villages
de la rive gauche du Gave; ils étaient aussi
propriétaires des sources, des montagnes
et de la gorge de Cauterets, et il nous
reste des règlements curieux, remontant
au quatorzième siècle, qui témoignent que
les Bénédictins se préoccupaient avec une
vive sollicitude des intérêts des baigneurs
sans regarder au rang ou à la fortune. Un
des articles prononce une forte amende
contre le *cabanier* (fermier des cabanes
où se trouvaient les bains), qui aurait fait
des distinctions entre le riche et le pauvre.
Cette protection accordée à la pauvreté
montre que l'opulence n'avait pas fait ou-
blier l'Evangile à ces disciples de Saint-
Benoît. Au reste, ces moines avaient eu le
bon esprit d'octroyer des franchises à la
vallée; des assemblées populaires se tenaient
souvent à Saint-Savin, et il y était délibéré
sur les affaires qui intéressaient, soit la
communauté toute entière, soit des frac-
tions de cette communauté. Dans cette or-

ganisation, démocratique à certains égards,
l'abbé jouait en certains cas le rôle d'un
président de république. Si ce pouvoir
exécutif se montrait jaloux de ses droits,
qui étaient d'ailleurs fort étendus, il n'em-
piétait pas, de son côté, sur les priviléges
de l'association. La bonne entente se maintint ainsi pendant des siècles entre les gou-
vernants et les gouvernés, grâce à ce mutuel
respect des droits consacrés par le temps.
Pas plus de révolte que de coup d'Etat dans
ce coin des Pyrénées; heureuse république de Saint-Savin! Les moines ont disparu,
l'abbaye est couchée à terre et l'ortie prospère dans les décombres, les priviléges et
les franchises ont été abolis et des droits
généraux ont été proclamés. Quatre-Vingt-
Neuf a passé sur la vieille France avec sa
pure lumière, Quatre-Vingt-Treize avec
sa foudre inexorable! Et cependant telle
était la force de cohésion des intérêts séculaires qui s'étaient aggrégés sous l'influence des abbés de Saint-Savin, que la évo-
lution la plus radicale qui ait nivelé le
monde n'a pu les rompre et les désunir!...
L'organisation moderne a dû transiger
avec l'organisation ancienne, et il a fallu
établir un syndicat entre les communes
composant ce qu'on appelait autrefois la
vallée de Saint-Savin. Je n'ai point à me
prononcer sur le mérite de la nouvelle
institution, qui ressemble à la vieille constitution de la vallée comme un règlement
administratif ressemble à une charte d'af-

franchissement du douzième ou du treizième siècle.

Au sud-est du village de Saint-Savin, sur un promontoire découvert, qui domine tout le bassin d'Argelès, apparaît la chapelle de Piétat; c'est un antique oratoire remis à neuf comme celui de Pouey-la-Hun.... De ce point la perspective est admirable, et de nulle autre part le rideau de Davantaigue ne se déploie avec plus de grâce et de splendeur. Un peu plus bas, sur la droite, se dessine un grand bâtiment percé de nombreuses ouvertures sur la vallée. C'est le château de Miramon, dont Despourrins, originaire de la vallée d'Aspe, épousa l'héritière. De ce manoir, qui est aujourd'hui presqu'une ruine, quoiqu'il date à peine du XVIIe siècle, se sont répandus dans le Lavedan, et du Lavedan dans le Bigorre et le Béarn, ces élégies si douces et si rêveuses, quand le poète consent à faire taire son esprit et à ne laisser parler que son cœur. Le souvenir de ce chantre aimé de la montagne poétise ce site; mais cette ruine neuve, si cela peut se dire, contraste avec cette jeunesse sans cesse renouvelée de la nature, et la façade délabrée du château de Despourrins impressionne aussi péniblement que les murailles à demi-écroulées de la demeure des Bénédictins; ici, l'abandon de l'homme qui fait toujours mal; là, la victoire du temps devant laquelle on s'incline.

Sautons maintenant par-dessus la grande

route et par-dessus le Gave, et prenons
pied sur l'autre flanc de la vallée, au bas
des murailles croulantes du château de
Beaucens. Mais comme de pareils trajets ne
s'exécutent pas aussi aisément sur le terrain
que sur le papier, nous croyons devoir pré-
venir les explorateurs qu'il existe un sentier en écharpe qui descend dans la plaine.
Une fois là, on peut gagner sans difficulté
le bord du Gave par un chemin d'exploitation, au bout duquel on rencontre une
passerelle, juste en face de Beaucens. On
n'aura point ainsi à remonter jusqu'au
pont de Villelongue, et l'on s'épargnera un
circuit de plusieurs kilomètres.

Le château de Beaucens, bâti sur un con-
trefort du coteau de Davantaïgue, était la
résidence des vicomtes de Lavedan. Il protégeait la rive droite de la vallée, mais il ne
pouvait être un obstacle bien sérieux pour
les envahisseurs, car il laissait ouvert
l'autre côté du Gave, le côté de Saint-
Savin. Le rayon de protection des citadelles du moyen-âge n'était pas fort
étendu, et elles ne défendaient efficace-
ment le pays que lorsqu'elles bouchaient
une gorge ou un défilé. Les murailles de
Beaucens n'ont pas d'ailleurs cette solidité
massive qui caractérise les constructions
militaires de l'époque féodale. Elles pouvaient mettre le vicomte à l'abri d'un coup
de main hardi; elles n'auraient pu résister
à un siège de quelques jours. Aussi les
ruines, que leur situation met en relief,

sont-elles beaucoup plus imposantes de loin que de près. L'enceinte a de grandes déchirures et offre même des solutions de continuité, toutes les constructions intérieures se sont affaissées à l'exception d'une seule, un pigeonnier! Le temps a de ces ironies-là, ou, si l'on aime mieux de ces justices; il a balayé l'aire de l'aigle, et il a respecté la niche de l'oiseau de basse-cour!

Au midi du village de Beaucens apparaît celui de Villelongue, traversé par un gave qui descend du lac d'Isabit à travers une gorge profonde et sauvage. Si l'on remonte le torrent, on rencontre, au bout d'une heure de marche les ruines d'une chapelle assez vaste. Cette chapelle appartenait au prieuré de St-Orens, un des plus antiques oratoires du Bigorre. Saint-Orens était né en Espagne; il était fils du duc d'Urgel, et de bonne heure il se sentit appelé à la vie contemplative. Il franchit les Pyrénées pour mieux échapper aux grandeurs du monde, et il vint s'établir dans cette solitude où il put se livrer sans trouble à la méditation et à la prière. Mais sa réputation ne tarda point à se répandre jusques dans la Gascogne. Le chapitre d'Auch l'élut archevêque de cette ville. Mais ce ne fut qu'après de longues hésitations que le solitaire consentit à quitter sa retraite de la montagne pour un palais où il craignait sans doute de se voir ressaisi par les intérêts terrestres.

Nous conseillons une excursion aux ruines de St-Orens à ceux qui veulent se faire une idée de ce qu'était la vie d'anachorète dans les premiers temps de l'église. Le lieu est encore profondément triste aujourd'hui ; il devait être lugubre quand la culture ne s'élevait pas au-dessus de la plaine et que la tenture des sapins couvrait les deux flancs de la gorge.

Au delà de Villelongue et de Pierrefitte, les montagnes se rapprochent et le Gave s'encaisse dans un défilé formidable, où le génie féodal, tout audacieux qu'il était et le génie religieux avec son amour des lieux sombres, ont reculé devant l'idée d'un château ou d'un oratoire. Nulle construction n'eût tenu sur ces pentes ravagées tous les ans par des avalanches de neige ou des avalanches de pierre. Ce long couloir de huit à dix kilomètres conduit dans le charmant bassin de Luz, formé par la réunion du val de Gavarnie avec celui du Bastan. Cette gracieuse et dernière plaine était près de la frontière ; il fallait la protéger contre les incursions arabes dans le VIIIe et le IXe siècle ; plus tard, contre celles des montagnards de Broto ou de Téna. Les comtes de Bigorre et les Templiers y pourvurent, ceux-ci par l'église fortifiée et encore crénelée de Luz ; ceux-là par les châteaux de Sainte-Marie et de l'*Escalette*. Le premier dont les ruines apparaissent encore sur un mamelon, au débouché de la vallée du Bastan, était encore occupé par les Anglais au commencement du XVe siècle. Les Barégeois, qui supportaient impatiemment le joug étranger, assaillirent la forteresse, sous la conduite d'un brave montagnard, Auger Couffite, et en chassèrent les Anglo-Gascons. Ce vigoureux coup de main, qui honore le patriotisme des habitants de la vallée de Barèges, fut le coup de grâce porté à la domination anglaise dans le Bigorre. Des bandes venues de la Guienne purent encore le traverser et le piller; mais elles ne purent se cantonner nulle part, et la puissante et guerrière maison de Foix-Grailly, ayant reçu l'investiture du comté, sut faire respecter sa nouvelle possession, dont les frontières ne furent plus insultées.

Un souvenir non moins glorieux pour le pays de Barèges s'attache au château de l'Escalette, qui s'élevait au midi de Luz dans un des plus sombres étranglements de la vallée du Gave. Pendant une des nombreuses guerres qui éclatèrent entre la France et l'Espagne, sous le règne de Louis XIV, 1,500 Miquelets avaient franchi les Pyrénées par le port de Gavarnie. L'alarme se répandit bientôt dans toute la contrée. Les montagnards comprirent que le salut était au pas de l'Echelle. Ils s'y portèrent résolument. Les uns s'enfermèrent dans le fort, les autres s'embusquèrent sur les crêtes voisines. Quand la masse des envahisseurs se fut entassée dans la gorge, la mousqueterie éclata sur les

murailles, et, projectiles bien autrement
meurtriers que les balles, les quartiers de
roche roulèrent de toute part. La colonne
des Miquelets fut littéralement broyée, et
pas un n'échappa, dit-on, pour aller porter
à Broto la nouvelle du désastre.

On voyait encore, il y a quelques années,
sur le bord du torrent, les traces des
murailles du château de l'Escalette. La
route plongeait autrefois dans cet entonnoir
par des rampes fort raides et fort courtes;
aujourd'hui elle côtoie paisiblement le
Gave qu'elle surplombe à peine, et cette
rectification a singulièrement adouci ce site,
dont l'horreur avait été célébrée avant la
révolution, par Dussaulx et St-Amant, dans
une inscription latine fort emphatique
gravée sur un des rochers de la rive.
L'auteur du *Voyage aux Pyrénées*, dont le
français n'est pas moins solennel que le
latin, s'il lui était donné de refaire le
voyage de la vie, ne retrouverait plus sa
pierre et ne reconnaîtrait plus les lieux.
Mais, comme il ne serait pas guéri, je sup-
pose, du style lapidaire, il composerait une
autre inscription où, au lieu de glorifier la
nature se riant des vains efforts de l'homme,
il glorifierait, non moins pindariquement,
l'homme, vainqueur de la nature ; tant il
est vrai qu'il y a une mode pour tout, même
pour les idées !

Il faut dépasser Gèdre et remonter la
gorge jusqu'à Gavarnie pour se retrouver
en présence du passé et encore ce passé

na-t-il pas laissé de traces sur le sol. A peine en a-t-il laissé dans la mémoire des montagnards, qui ne sauraient rien de leur vieille histoire, si l'on n'avait longtemps conservé dans leur église les crânes des Templiers atteints là, comme partout ailleurs, par la convoitise meurtrière de Philippe-le-Bel. On montre encore, sous verre, des ossements que le sacristain vous certifie avoir appartenu aux héroïques martyrs du XIV° siècle. Mais l'authenticité de ces reliques est au moins douteuse. Les crânes des Templiers de Gavarnie auraient été fréquemment renouvelés, dit-on, pour donner satisfaction aux Anglais, grands amateurs, comme on sait, de curiosités tragiques.

Quoiqu'il en soit, la commanderie de Luz avait un poste avancé à Gavarnie. Ces moines guerriers, toujours prêts à former l'avant-garde du monde chrétien aux prises avec le monde mahométan, s'étaient établis là quand les royaumes de Navarre et d'Aragon, encore mal affermis et mal constitués, n'offraient pas une barrière assez solide contre les invasions des Maures. Rien n'indique que les Templiers aient eu à Gavarnie une forteresse quelconque. A quoi bon, d'ailleurs, une forteresse dans le voisinage du faîte des Pyrénées, à deux pas de ce port fermé pendant six mois, et où quelques hommes déterminés se mettant en travers pouvaient arrêter une armée entière, à une époque surtout où les armes à longue portée étaient encore à l'état primitif! Et pour finir par une réflexion à la Dussaulx et à la Saint-Amant, comment l'homme aurait-il eu l'audace de bâtir des tours là où la nature a bâti le Marboré, le Mont-Perdu!

FRÉDÉRIC SOUTRAS.

TABLE

Promenades Archéologiques

Excursions Archéologiques

Le château de Benac. — La baronnie des Angles. — Le château de Lourdes. — Le village d'Agos. — La tour de Vidalos. — Argelès. — Les ruines de Castelnau d'Azun. — L'oratoire de Pouey-la-Hun. — La basilique de Saint-Savin. — Le château de Miramon. — Le château de Beaucens. — Le prieuré de Saint-Orens. — Les châteaux de Sainte-Marie et de l'Esca-

LA

Petite Gazette

DE BAGNÈRES

JOURNAL PYRÉNÉEN

—

Abonnements pour un an : 3 fr. — par la poste 5 fr.
Étranger 6 fr.
Boulevard du Collège, 17, affranchir.

www.ingramcontent.com/pod-product-compliance
Lightning Source LLC
Chambersburg PA
CBHW071843200326
41519CB00016B/4218